# 歴史を変えた自然災害

ポンペイから東日本大震災まで

ルーシー・ジョーンズ
Dr. Lucy Jones
大槻敦子❖訳

THE BIG ONES
How Natural Disasters Have Shaped Us

原書房

# 歴史を変えた自然災害

ポンペイから
東日本大震災まで

# 目次

都市計画者、建築関係者ほか、
自分たちの地域社会を愛し、
未来の自然災害が人類にとって
大惨事にならないよう日々取り組んでいる無名の英雄たちへ

# 序章 アメリカからロサンゼルスがなくなる日

地震は世界のどこかで次々に発生している。わたしが暮らし、地震学者として仕事をしているカリフォルニア州南部の地震計測網には、12時間地震が記録されないと発動する警報が組み込まれている。そのような状況は計器の不具合に決まっているからだ。１９９０年代にネットワークが稼働して以来、カリフォルニア州南部で12時間以上地震がなかったことは一度もない。

最小規模の地震がもっとも多い。マグニチュード2はとても小さく、震源のすぐ近くにいる人にしか感じられないが、世界のどこかで毎分発生している。マグニチュード5はそれなりに大きく、棚からものが落ちたり、一部の建物に損害を与えたりして、ほぼ毎日数回どこかを襲っている。都市を破壊する力を持つマグニチュード7は平均して月に一度発生するが、人類にとって幸運なことにほとんどは海で起き、たとえ陸地で生じても人里から離れている場合が多い。

ところが、サンアンドレアス断層の南端部分では300年以上一度も、もっとも小規模なものでさえ地震が発生していない。

いつか必ずそれが変わる。サンアンドレアス断層の南部では過去に大地震が発生している。プレートの動きが突然止まることなどない。現在でも、手の爪が伸びるのと同じ、年におよそ5センチの速度で、ロサンゼルスがサンフランシスコの方向へ押されている。このふたつの都市は同じ州、同じ大陸にあるが、異なるプレート上にある。ロサンゼルスはカリフォルニアから日本、アラスカのアリューシャン列島からニュージーランドまで広がる世界最大の太平洋プレートに乗っている。サンフランシスコは東側が大西洋中央海嶺《かいれい》とアイスランドまで伸びている北米プレート上にある。その境界線がサンアンドレアス断層だ。そこではふたつのプレートがゆっくりとすれちがっている。その動きを止めることは太陽を消すことができないのと同じくらい不可能である。

一見矛盾しているようだが、サンアンドレアス断層は地震学者が言うところの「弱い」断層であるため、大地震しか発生しない。何百万年ものあいだに起きた地震で地表があまりにも平坦になっているため、裂け目がすべるのを止める起伏がもはや存在しないのである。

その仕組みを理解するために、床全体にカーペットが敷かれている部屋に大きなラグを置くと考えてみよう。ラグを置いてしまってから、やはりあと30センチほど暖炉寄りに動かしたくなった。フローリングの上に置いたのであればわりと簡単に動かせる。暖炉側の端をつかんで引っ張るだけでよい。けれどもラグはカーペットの上にあるため、摩擦でそれができない。どうすればよいだろう？　その場合、暖炉とは反対側の端をカーペットから引きはがして持ち上げ、それを置きたい場所、つまり30センチほど暖炉寄りに置く。すると大きな弛《たる》みができるので、それを暖炉側まで押していく。そうすれば最後にはラグ全体が30センチほど暖炉寄りに移動する。

地震の場合、学者が見ているものは弛みではなく「破壊フロント」である。サンアンドレアス断層の「ラグ」上を移動するその弛みのような動きが地震エネルギーを生み、それが地震として体感されるのだ。断層が「小さい応力」で動くのは「一時的かつ局所的な摩擦の緩和《かんわ》」が生じたためである。ラグを一度に全部動かせないのと同じように、地震も必ず表面の特定の場所、すなわち震源地で発生してから、その破壊フロントがしかるべき距離を移動していく。

破壊フロントが移動する距離が地震の規模を決定するおもな要素のひとつである。90センチほど動いて止まればマグニチュード1・5で、体感できないくらい小さい。断層が1・6キロほど動いて止まればマグニチュード5となり、周辺に多少の被害をおよぼす。160キロほど動けばそれはまさにマグニチュード7・5となって、広範囲な破壊を招く。

サンアンドレアス断層はきわめて平坦であるため、ひとたび地震が発生すれば、規模を小さくとどめるものが何もない。破壊フロントは止まることなく断層を伝わり続け、断層と交差するすべての場所からエネルギーを放射して、揺れの長さが1分以上、マグニチュードが7から8に到達する地震を起こす。そのような地震が起きて断層が破壊され、起伏のある新しい断面が作られてようやく、より小規模で破壊力の弱い地震が発生する条件が整うのである。

そこでわたしたちは大地震が起きるのを待つ。ひたすら待つ。

断層の南端で最後に地震が発生したのは1680年ごろだ。それがわかるのは、現在のコーチェラ・ヴァレーのほとんど、つまり毎年野外音楽祭が開催されるその平坦な場所が水で満たされていた先史時代のカウイラ湖で、湖岸にずれがあるためである。そのときの地震とそれより前に起きた地震が残した地質学的な目印によって、西暦800年から1700年のあいだに6回地震があったとわかる。つまり、サンアンドレアス断層のその辺りでは前回の地震から330年経過しており、それはそれまでの平均的な間隔の約2倍だ。なぜそれほど長い間隔が生じているのかはわからない。プレートが休むことなく一定のスピードでゆっくりとこすり合わされ、ずれとエネルギーが蓄積されて、それが次回に放たれるということだけはわかっている。カリフォルニア州南部の前回の地震以来、約8メートルの相対運動が断層の摩擦によって蓄積されている。それが一度の大きな衝撃で放たれんばかりの状態にある。

いつの日か、明日かも10年後かもしれないが、おそらく本書の読者が生きているあいだに、断層のどこかが摩擦力を失って動き始める。ひとたび動き出せば、それほどのエネルギーを蓄《たくわ》えた弱い断層はとうてい持ちこたえられない。裂け目は1秒に約3・2キロのスピードで断層を走り、その通り道で地震の波が生まれ、大地を駆け抜けて、カリフォルニア州南部の大都市を揺さぶる。ひょっとすると幸運に恵まれて、約160キロ進んだところで断層が何かにあたって止まるかもしれない。その場合はマグニチュード7・5だ。けれども、すでに蓄積されているエネルギーに照らし合わせると、多くの地震学者は少なくとも約320キロは進むだろうと考えている。そうなればマグニチュードは7・8、距離が約560キロなら8・2に到達する。

もし裂け目が遠くカリフォルニア州中部、パソロブレスやサンルイスオビスポ付近の領域まで到達すれば、サンアンドレアス断層のなかでも異なる性質を持つ部分に突きあたることになる。その領域でも断層の残りの部分と同じように、地質構造のずれが手の爪ほどの成長速度で蓄積されている。けれどもそこは「クリープ断層」として知られている場所だ。そこでは、たまったエネルギーが一度の大地震で放出されず、ときに小さな地震、ときに地震エネルギーをまったく伴《ともな》わない形でエネルギーが少しずつ漏れ出している。このクリープ断層が圧力バルブのような機能を果たすことで、地震はマグニチュード8・2より大きくはならないと研究者は考えている。いや、願っている。

*

アメリカ地質調査所でリスク軽減のためのサイエンスアドバイザーを務めていたわたしは、2007年から2008年にかけ、300人を超える専門家チームを率いて、そのような地震が発生したときの状況を予想する「シェイクアウト」[1]と呼ばれるプロジェクトを実施した。最悪のシナリオとまでは言えないが可能性の高い事例として、サンアンドレアス断層のうち、メキシコとの国境からロサンゼルス北方の山地までの南端約320キロが動いた場合の地震モデルが作成された。

その地震モデルによれば、ロサンゼルスは55秒間の激しい揺れに見舞われるとわかった（揺れが7秒だった1994年のノースリッジ地震と比較してみてほしい。当時は400億ドルの経済的損失を被った）。隣接する100の自治体も同様だ。数千もの地滑りによって山から土砂が流れ、道路をふさぎ、家屋を埋め、ライフラインが途絶える。

モデルによれば、15万棟の建物が倒壊し、30万棟が大きく損壊する。どの建物かはわかっている。別の場所の別の地震でつぶれたような建物で、現在は建築が認められていない。だが、現存する建物については危険に見合う補強は強制されていない。いくつかの高層ビルが崩れるおそれがある。1994年のロサンゼルス地震と1995年の阪神・淡路大震災から、建設のしかたによっては鋼鉄ビルの鉄骨にヒビが入るという欠点が明らかになっている。そうしたビルは今でもロサンゼルス市街地に立っている。たくさんの真新しいビルに、立ち入りが危険で、大規模な修理あるいは解体が必要な、居住不可の「赤い紙」が貼られることになるだろう。現在の建築基準法では、地震後も使用可能な建物の開発は求められていない。命を守れればよいのである。基準法が想定どおりに働いたとしても、最新の基準に沿って建てられた新築建造物の10パーセント程度は赤い紙が貼られる。ことによると、1パーセントは部分的に損壊するおそれがある。損壊しない確率が99パーセントというのはひとつの建物にとってはよいかもしれないが、100万棟もの建物が存在する都市で1パーセントが損壊するとなるとまったく別問題である。あなたはおそらく地震によって命を落とすことはないだろう。けれどもそれから長いあいだ、仕事に出向くことはできなくなるにちがいない。

予測された結果のうちもっともおそろしいもののひとつは、地震が引き起こす火災による被害である。地震によってガス管が損傷を受ける。電気機器が壊れ、燃えやすい布地の上に落ちる。危険な化学物質が漏れ出す。火災が発生するきっかけは山のようにある。20世紀に都市部で発生した2大地震は、1906年のサンフランシスコ地震と1923年の関東大震災だが、いずれも火災が起き、それが火災旋風となって、都市の広範囲が焼失した。20世紀後半にカリフォルニアで発生したふたつの大きな地震、1989年のサンフランシスコのロマプリータ地震と、1994年のロサンゼルスのノースリッジ地震では壊滅的な火災は起きなかった。そのため火災問題は近代技術によって解決されたと考える人もいる。だがそれは誤りだ。技術が進んでいないからではない。地震学者の目から見れば、ロマプリータとノースリッジは大地震ではないからである。実際に体験した人は納得しないかもしれない。またそれらの地震による被害は否定できない事実である。けれども、人々は本当の大地震がどのようなものなのかをまだ知らない。

地震学者が言うマグニチュード7・8以上の「大」地震はただ揺れが強いだけではない。揺れる範囲も広い。ロマプリータ地震とノースリッジ地震では震源付近で強い揺れが生じたが、いずれも都心ではなかった。もっとも大きな揺れが感じられたのは、ロマプリータの場合はサンタクルーズ山地、ノースリッジ地震ではサンタスザーナ山地だった。それでも両方の地震でそれぞれ1００件超の大きな火事が発生した。消火活動は相互支援で行われた。サンフランシスコとロサンゼルスが救援を求め、異なる管轄下にある消防士が支援に駆けつけた。市全域が火の海にならなかったのは、地域を超えた消防士の勇敢なすばらしい活動のおかげだった。

モデルで予測されたような地震が起きると、カリフォルニア州南部のすべての都市で消火活動の必要な火事が発生する。助けを求めようにも相手も必死で助けを求めている。救援はカリフォルニア州北部、アリゾナ州、ネヴァダ州から派遣するほかない。救援消防士はサンアンドレアス断層の反対側からカリフォルニア州南部をめざすことになるが、断層は5〜10メートル動き、被災地に向かって延びる高速道路すべてがずれている。壊れた道路を通って機材を運び込むのに手間取って、救援の到着まで何日もかかるかもしれない。被災地の消防士は、消火栓につながるパイプが壊れて水が出なくなった場所で消火活動に追われる。ノースリッジとロマプリータで消火活動を率いた消防署長らが精査したモデルの分析結果では、経済的な損失と死傷者の両方において、火災が被害を2倍にすると結論づけられた。１６００件の火事が発生し、１２００件はひとつの消防署では太刀打ちできないほどの大火災になるおそれがある。カリフォルニア州南部にそれほど多くの消防署は存在しない。

この状況だけでもすでに見通しは暗いが、さらに悪化する可能性もある。「シェイクアウト」では天気を指定する必要があったため、涼しく穏やかな日が選択された。あいにく現実の世界では天気は選べない。内陸からの強い局地風であるサンタアナ風は、カリフォルニア州南部の大規模な山火事を広域化させて、数十億ドルもの損失を招いたことでよく知られている。それが吹く時期に地震が起きれば、発生した火事が制御不能になるおそれがある。

ほとんどの人は生き残る。モデルの推定によれば、死者は1800人、救急医療を必要とする負傷者は5万3000人。病院も被害を受けるため、著しい数の病床が使用できなくなる。そして、病院までたどり着くこと自体が至難の業《わざ》だ。橋は通行止めになり、道路には倒壊した建物のがれきが散乱、停電で信号機が機能しない。多くの人が建物内に閉じ込められ、消防や警察はパンク状態だ。多くの被災者は近隣の人々に助け出されることになる。損失は2000億ドルを超えるだろう。

カリフォルニア州南部の住民の生活がそれなりの平静さを取り戻すまでには長い時間がかかるだろう。地震から数か月は何万回もの余震が起きる。その一部は本震と同じくらいの被害をもたらす。電気、ガス、通信、水道、下水といった都市生活を支えているシステムはすべて壊れる。この地域へ食料、水、エネルギーを運び込むための交通システムはみなサンアンドレアス断層を横切っているため、遮断される。簡素な世界なら、下水が壊れても庭に一時的な簡易トイレを作ればすむ。しかし、人口密度の高い近代都市の市街環境で下水設備が機能しなくなれば、壊滅的な公衆衛生上の危機になりうる。都市が機能するのは、生活を支える複雑な工学システムが存在するからだ。巨大地震ではそれらが失われる。

地震モデルの経済的損失のうち半分はビジネス機会の逸失《いっしつ》によるものである。水が出なければ美容院は営業を再開できない。電気がなければオフィスは機能しない。インターネットが使えなければ情報通信技術者は通信できない。移動手段がなければ、小売店には店員も顧客もこない。電気がなければ、ガソリンスタンドでガソリンを入れられず、ネットワークに接続できなければクレジットカードは使えない。そして1か月のあいだ一度もシャワーを浴びていないとなれば、どれほどの人がロサンゼルスに残りたいと、ましてや仕事に行きたいと思うだろうか？

専門的な分析はここまでだ。科学者、エンジニア、公衆衛生の専門家は、建物の倒壊、パイプの損傷、足の骨折、交通網の麻痺《まひ》は推定できる。けれどもカリフォルニア州南部の未来は地域社会の未来だ。物理的な構造がどうなるのかはわかっても、心理的にはどうだろう？

＊

自然災害は人類の誕生以来ずっと人々を苦しめてきた。人々が畑を作るのは、水を利用しやすい、断層に沿って形成された川や泉の近くだ。火山によって作られた傾斜地には肥沃《ひよく》な土壌があり、海岸線は漁業や交易に便利である。だが、そうした土地はおそろしい自然災害の危険を伴っている。実際、わたしたちはときどきの洪水、熱帯性の暴風雨、つかのまの地震をよく知っている。人は堤防や防潮堤の作り方を学ぶ。建物に筋交《すじか》いをくわえる。10回目の小さな地震を経験するころにはそれほど恐怖を感じなくなっている。自然界は制御できると自信を抱き始める。
危険な自然現象は地球の物理的な変化によってもたらされる、避けられない現象である。それが自然「災害」になるのは、人間の構造物内あるいはその付近で発生して、構造物が突然の変化に耐えられなかった場合だけだ。2011年、ニュージーランドのクライストチャーチでマグニチュード6・2の地震が発生して、[2] 死者185人、およそ200億ドルの損失を招いた。しかしながら、その規模の地震なら数日おきに世界のどこかで起きている。この比較的小規模の地震が災害になったのは、それが都市の直下で発生し、建物やインフラがそれに耐えられる強度で作られていなかったためである。危険な自然現象は不可避だが、災害は避けられる。

わたしは仕事人生を災害の研究に費やしてきた。そのほとんどにおいて、統計地震学の研究者として、地震のパターンを発見し、いつ、どのように地震が発生するのかを突き止めようとした。同僚の研究者とともに、わたしは科学に基づいて、人間の時間の尺度に照らし合わせれば地震の発生は偶然だとはっきり示すことができた。その一方で、この「偶然《ランダム》」が一般市民にはどうしても受け入れられない概念であることもわかった。わたしは気づいた。地震を予知したいという思いは本当は地震を制御したいという気持ちだったのだ。そこで自分の研究対象を自然災害の影響の予測へと方向転換した。わたしの目標は人々によりよい判断を行える力を授けること、すなわち災害が発生する前に被害を防止することである。

地質学上の危険な自然現象に関する科学知識を提供する政府機関、アメリカ地質調査所が、わたしの職場だった。同調査所が実施したカリフォルニア州南部の、またのちに全米規模となった試験的プロジェクト[3]では、安全性を高める科学的情報と地域社会を結びつけることを目的として、洪水、地滑り、海岸の浸食、地震、津波、山火事、火山の調査が行われた。具体的には、大雨時の地滑りを予測すること、生態系管理の一環として山火事の制御を推奨すること、大地震のリスクを軽減するために優先順位を的確に判断することなどである。

わたしはまた、地震発生後に一般市民に情報を伝える科学者のひとりでもあった。そのときに気づいたのだが、人々は科学知識を求めはするものの、その理由はわたしが思い描いていたものとは異なっていることが多い。わたしは被害を食い止めるために情報が利用されるものと考えていた。ところが、自然災害が起こると、人々は科学者に破壊だけでなく不安の軽減も求めようとするのである。地震に名前をつけ、断層や規模を明らかにすることで、わたしは知らないうちに、何千年にもわたって牧師やシャーマンが行ってきたのと同じ精神的な役割を担っていた。母なる地球の偶然かつ圧倒的な力を取り上げて、あたかもそれを制御できるかのような印象を与えていたのである。

自然災害は空間的には予測できる。つまり、発生する場所は偶然ではない。洪水は川のそばで起き、大地震は（たいてい）大きな断層に沿って生じ、火山の噴火は既存の火山の所在地で発生する。けれどもいつ起こるのかということは、とりわけ人間の時間の尺度に照らせば、偶然である。科学者は発生の「レートについてはランダム」という言い方をする。きわめて長い期間で見れば、それが何回発生するかはわかる。地震が一定の頻度で必ず起こるとわかるくらいには断層について十分理解している。平均的な雨量が予測できる程度には特定地方の気候を調査できる。けれども、今年が洪水になるのか干魃《かんばつ》になるのか、今年断層に沿って起きる大きな地震はマグニチュード4なのか8なのか、ということはまったく偶然なのである。そして、わたしたち人間はそれを嫌う。いつ起こるかわからないということは、つねに危険にさらされている状態であり、それがわたしたちを不安にさせるのだ。

人は先を見越すことができないため、現在体験していることや最近の記憶に基づいて未来の可能性を思い描く。心理学者はそれを「正常化バイアス」と呼ぶ。わたしたちはよくある小さな事象がすべてだと思い込む。なぜなら最大の事象はだれの記憶にもなく、したがって存在しないとみなされるからだ。けれども、断層全体が裂ける大地震や、ノアの洪水として描写されているような大洪水、火山の大噴火では、わたしたちはよくある現象以上のものに直面する。それは大惨事である。

大惨事にあうと、自分がどういう人間なのかがわかる。英雄が生まれる。すばやい判断、生き残るための強い意志が賞賛される。普通の人々が並はずれて勇敢に行動し、わたしたちはそれに敬意を表する。だれもが逃げているときに燃えさかる建物に飛び込む消防士は、わたしたちの社会で特別な栄誉を受ける。1974年の映画『大地震』のチャールトン・ヘストン、1997年の『ボルケーノ』のトミー・リー・ジョーンズ、2015年の『カリフォルニア・ダウン』のドウェイン・「ザ・ロック」・ジョンソンなど、大惨事を描く映画には必ずおそれを知らないヒーローがいる。同様に、警告を隠蔽する官僚や、最後の救命ボートは自分のものだと主張する恐怖にかられた自己本位な被災者などの悪役も登場する。

自分もまた犠牲者になりうるとわかっているわたしたちは、犠牲者を思いやる。実際、犠牲の偶然性こそが感情的な反応のほとんどを引き出し、惜しみない寄付を促している。多くの人にとって、犠牲者を助けることは、自分が同じ運命をたどらないようにしてくれる無意識なお守りのようなものである。危険からお守りくださいと神に祈る。

祈りが届かず、自分の身に災いが降りかかると、どうやらわたしたちはそれが腹立たしいほどどうしようもなく偶然であるという事実を受け入れられないらしい。すぐにだれかのせいにしようとする。人間の歴史のほとんどにおいて、大惨事は神の不機嫌の表れだと考えられていた。聖書のソドムとゴモラから、1755年にリスボンを破壊した地震まで、生き残った人々、それを目のあたりにした人々は、犠牲者がみずからの罪を罰せられていると語った。そう考えれば、同じ過ちを犯さないかぎり自分は大丈夫だと思い込むことができる。青天の霹靂《へきれき》をおそれなくてもよくなるのである。

現代科学は多くの人の考え方を変化させてきたのだろうが、それでも意識下の衝動を揺り動かすにはいたっていない。カリフォルニア州南部を巨大地震が襲ったなら、まちがいなくふたつのことが起きる。まず、科学者は地震がくるとわかっていても、市民を怖がらせないために何も言わないといううわさが広まる。これはまさに人間ならではの偶然性の拒否であり、不安を払拭するためにパターンを作ろうとする試みである。次に、非難が始まる。連邦緊急事態管理庁が対応のまずさを非難される。不適当な建物の建築を許可した行政が責任を問われる（場合によっては不適当な建物の補強を義務づけることに反対した人々によって）。その週の地震予知に耳を傾けなかったとして科学者が文句を言われる。何世紀も続いてきた傾向にならって、快楽主義ロサンゼルスの罪深い人々のせいにされる。

地球はときどき動くという事実を受け入れることだけは、だれもやりたくない。

ほとんどの都市で将来、大災害が起こりうる。そもそも、日々の生活を成り立たせている港、肥沃な土地、川は、災害をもたらすような自然の作用があったからこそ存在するのだ。そして大災害は近年の小規模な災害とは質的にまったく異なるものになる。自分の家が壊れたら惨事だ。だが、自分の家だけでなく隣近所や地域のインフラのほとんどが破壊されて、社会の機能が麻痺すれば大惨事である。大きな自然災害に襲われたときに自分の街が残って復興できるかどうかは、今現在の決断にかかっている。未来の可能性を考え、知りうるかぎりの過去をじっくりと検討しなければ、十分な情報に基づく決断はできない。

本書を通してわたしは、地球上最大級の大惨事の物語と、そこから見えてくるわたしたち人間について語っていく。それぞれが地域社会の本質を揺るがすほどの「大災害」だった。それらがみな、偶然の大惨事に対する人間の反応——人が用いる理由づけ、人が見せる態度——は、不安がもたらすものであることを示している。読み進めるうちに、１００万年に一度はもとより１０００年に一度という事象が自分に降りかかることなどけっしてないと考えてしまうのは、人の記憶に限界があるからだとわかるだろう。くわえて、危険が増大しつつあるという事実にも直面することになる。都市の人口密度と複雑さが増すにつれて、かつてないほど多くの人が生活を維持するシステムを失うリスクが高くなっている。

やがて、すべての守りがはぎ取られ、災害に意味などないと考えざるをえなくなる。精神的に大きなショックを受けるかもしれない。なぜなら、結局のところ、わたしたちは災害を、人生のほかのものごとと同じようにとらえているからだ。すなわち、災害に意味を模索しているのである。スケープゴート、あるいは天罰の恐怖を否定されたら、何が残るのだろう。「なぜ今？」「なぜ自分が？」という叫びに満足な答えは得られないかもしれない。けれども、意味を超えて見通すことができれば、深い道徳的な含みを持つ問いにたどり着くだろう。大惨事に直面したとき、自分や周囲の人々が生き延びてよりよい生活を送れるようにするためには、どうすればよいのだろう？

# 第1章 天から降り注いだ硫黄と火の粉

## ローマ帝国／ポンペイ／79年

主の怒りは燃え上がり、地は揺れ動く。山々の基は震え、揺らぐ。
――詩編18（新共同訳）

ポンペイの話はだれもが知っている。2000年ほど前、噴火による有毒ガスと重い灰が古代ローマのその都市を覆い、家屋ごと人々を埋め、数日のうちに街全体を完全に消し去ってしまった。わたしたちは歴史を振り返って、その破壊が起こるべくして起こったと考え、当時の人々にそれがわかっていればと哀れむ。「活火山のそばに都市を作るなど正気の沙汰ではないね」。今日の旅行者は、取り巻く脅威を考えずに集落を作ればどうなるかという寓話のような場所、啓発と娯楽のために保存されているその場所を訪れる。そして自分はそのような過ちを犯さないから大丈夫だと安心する。

ナポリ湾にそびえ立つヴェスヴィオ山は、標高1200メートルを超える典型的な円錐火山である。地質学者にはその形から内部のようすの多くがわかる。巨大な円錐形は、浸食によって削られるよりも速く溶岩が流れ出ている証《あかし》だ。したがって、これは活火山であり、地質学的な時間の尺度に照らせば、将来の噴火は確実である。溶岩が液体のように周辺に流れているだけでなく、積み上がって山になっているということは、かなりねばり気があるにちがいない（専門用語では「粘性が大きい」という）。ねばねばした溶岩は、少なくともしばらくのあいだガスを蓄えることができる。つまり、爆発的に噴火する可能性がある。爆発的な噴火で生じる火山灰と冷えた溶岩が交互に層を作ると高い山ができる。それが成層火山と呼ばれる火山だ。

では、なぜ危険の大きいその場所に都市を建設するのか？　レーニア山の影に広がるシアトルや、富士山を仰ぐ東京、クラカタウを含む5つの活火山に囲まれたジャカルタと理由は同じだ。噴火していないときの火山はすばらしい居住地になるのである。火山性土壌には気孔が多いため水はけがよく、新鮮な栄養が豊富で、作物がよく育つ。火山周辺の変形した岩は、しばしば格好の自然の入り江や、攻撃から身を守れる谷を作る。プレート理論に基づけば次の噴火は不可避だとわかっていても、大規模噴火を経験するのがどの世代になるのかは偶然に左右される。そして西暦79年のポンペイの住民と同じように、人類のほとんどにとってそれは、自分に起きなければ一度も起きなかったのと同じなのである。

＊

ヴェスヴィオ山の紀元前6世紀の噴火から、その地域のオスキ人、またそれに続くローマ人の征服者はその山を神ウルカヌスが住む場所と考えるようになった。断続的に上がる蒸気は、ウルカヌスが天上界の炉で武器を作る、神々の鍛冶屋であることの証だった。けれども、火山性土壌が肥沃で、保水力があり、ローマ帝国の豊かな農業を支えていたことから、その地で文明が栄えた。600年ものあいだ噴火がなかったため、ヴェスヴィオ山は安全と考えていいように思われた。

1世紀の初めごろまでには、火山のそばにポンペイ、ヘルクラネウム、ミセヌムなど、いくつもの街が築かれた。それらは紀元前3世紀にローマに征服されたのち、豊かに繁栄した地域社会に発展していた。発掘調査ではにぎわっていた商業の中心地が発見されている。フレスコ画には、その地の主要産業だった織物を作り、生地を染める職人が描かれている。発掘された不規則に広がる青空市場には、レストランや軽食堂も完備されていた。税の記録によれば、ポンペイのワイン畑はローマ周辺よりも実りが多く、ワインは帝国中で売られていた（これまで判明しているなかで、言葉をもじって名づけられた最初の商品ブランド[1]は、「ヴェスヴィヌム」とラベルの貼られたポンペイ産のつぼ入りワインである）。

裕福なローマ人は海辺を楽しむために邸宅を建てた。大きな公設市場、礼拝所、行政の建物には、地域社会がたんに生きていくだけの生活をはるかに超えた暮らしをしていたようすが映し出されている。ポンペイで発掘された家屋の多くは広々として立派だった。ベッドは大理石でできていた。風呂を備えた家もあり、帝国の送水路から水を引き込んだ公衆浴場が地域社会に貢献していた。アマルフィ海岸の端に位置するポンペイは、そのころでさえ、上流階級の人々を温かく迎えていたのである。

実際、悪い星回りを意味するdisaster（災害）という言葉はこの文化から生まれたものである。ローマ人は星々に描かれた運命によって天災が起きると信じていた。天災は人の一生という尺度に比べると偶然であるがゆえに、大きな恐怖をもたらす。そのため、あらゆる人間の文化で天災に意味を持たせる方法が考え出されてきた。シェイクスピアが『ジュリアス・シーザー』のなかでカッシウスに「ブルータスよ、罪は星回りにあるのではない。われわれ自身にあるのだ」と言わせるとき、彼は不慮のできごとの説明を運命に求める文化規範に異を唱えているのである。

ローマ人は運だけでなく気まぐれな神々にも身を委ねていた。先人のギリシア人と同じように、ローマの神話に描かれる神々は、大きな力を持っているけれども、自己本位で軽率な存在である。人が災難に見舞われるのは、そうした力ある存在同士のけんかに巻き込まれたからだと考えられた。火の神ウルカヌスは肉体的な魅力を欠いていたにもかかわらず、愛の女神ウェヌスを妻として与えられた。ゆえに、噴火の爆発は、度重なるウェヌスの不倫のひとつに気づいたウルカヌスの怒りの表れだった。

それは噴火現象の説明にはなるかもしれないが、そこからはこれといって安心感は得られない。そのままでは人々は心の狭い神々とそのかんしゃくを前になすすべもない。そこで、人々は毎年ウルカヌスに敬意を表して祝宴を開き、神を落ち着かせて自制心を取り戻してもらおうとした。ウルカヌスは、金属加工のような火の有効利用と、火山や山火事（暑い夏によくある貯蔵された穀物への脅威）といった火の破壊力の両方を象徴していた。そこで、毎年8月23日に行われるウルカナリア祭で、人々は焚き火やいけにえを捧げ、収穫期に破壊活動が起きないよう神を鎮めた。

79年、何も知らないポンペイの住民がウルカナリア祭を祝うなか、ヴェスヴィオ山は最大級となる噴火の最終段階に入っていた。実際に噴火したという事実はふたつの情報源から確認できる。ひとつは、当然のことながら、ナポリから24キロほど郊外にある都市ポンペイに残された証拠だ。噴火による火山灰は数週間のうちに街を埋め尽くし、地域社会を完全に滅ぼした。住民の9割は生きて脱出したが、その地は放棄され、そこに都市があったことすらほとんど忘れ去られた。逃げ出さなかった住民の遺体を含め、遺跡が再び発見されて発掘されたのは18世紀になってからである。

2番目の情報源は若きローマの学者、小プリニウスで、噴火時に死亡したおじの大プリニウスについて記した書簡が現在まで受け継がれている。もともとはイタリア北部のコモ湖地域出身であるこのふたりのプリニウスは、ローマの下級貴族の一員で、いずれもローマ軍の騎馬武者にあたる「騎士」の称号を持っていた。大プリニウスは、成人してからの最初の20年、おもにドイツでローマ軍に仕えた。結婚はしなかったが、退役後、幼い息子を連れた未亡人の妹（もしくは姉）が同居することになった。その子がおじの養子となって名前を継ぎ、小プリニウスと呼ばれるようになった。大プリニウスはその著作物と、また皇帝ウェスパシアヌスと懇意だったことで、ローマではよく知られていた。彼は軍にいるあいだにドイツ戦争史を書き上げた。そこでは槍を効果的に用いて戦うために馬の動きを活用する方法などについて詳しく述べられている。のちにさまざまな属州の総督として外交に携わりながら、彼は各地方の歴史や地勢について情報を収集した。

噴火の2年前、大プリニウスは、しばしば世界初の百科事典と呼ばれる全37巻の『博物誌』[2]を発表した。これは彼が帝国各地を訪問したさいの観察記録で、ローマ時代から現代に伝わるものとしては最大級の著作物である。その序文で彼は「観察こそが生きがいである」と述べており、彼が分類したものごとの幅広さにその情熱が感じられる。頭部が犬の姿をしたおそろしい人間の種族について描写するなど、現代科学者の目から見れば、若干だまされやすい性格のように見えなくもない。けれども、知識に対する科学者の情熱を持ち合わせていたことはよくわかる。彼は最後の巻を次の言葉で締めくくった。「万物の母なる大自然よ、どうかご加護を。あなたのすべてをたたえているのはローマ市民のなかでわたしだけなのですから」。彼は寝食を忘れて執筆するほど、自分の研究に熱中していたようである。

77年、大プリニウスは『博物誌』の発表にくわえて、ナポリ湾に停泊するローマ艦隊の隊長に就任するよう勅命を受けた。プリニウス家はナポリ湾の入り口に位置するミセヌムへ移った。邸宅からは湾の向こう側にあるヴェスヴィオ山の雄大な姿が見えた。大プリニウスは『博物誌』の改訂に取り組みながら、艦隊の行動を指揮した。小プリニウスは法律の勉強を仕上げながら大プリニウスの研究を手伝っていたが、自身も多くの記録を残すようになっていた。

それまで何世紀も平穏が続いていたにもかかわらず、1世紀後半になるとたびたび地震が起こるようになった。62年にはとりわけ大きな地震があり、ポンペイでは多くの家屋が損壊した（79年になってもまだその一部は修復中だった）。

それから10年のあいだに何度も揺れが感じられ、それが記録されるうちに、人々は地震を日々の生活の一部として受け入れるようになった。79年8月23日のウルカナリア祭当日、小プリニウスの日誌には日中に何度も地震が起きたと記されているが、彼は「カンパニア［地方］では地震はよくあることで」気に留めもしなかった。今日のわたしたちには、噴火に向けて、地中深いところにあるマグマ溜まりから地表に向かってマグマが移動していたにちがいないとわかる。そうした動きは地震、地表の膨張、ガスの放出から読み取れる。噴火にいたる十分な圧力が蓄積されるまでには数か月、数年、あるいは数十年の年月がかかる（そのため、ほかの多くの地質現象と比べて火山の噴火は予測しやすい）。

翌日、8月24日、カンパニア地方で暮らすすべての人の生活が終わりを迎えた。正午過ぎ、ヴェスヴィオ山が激しく噴火し、ガスと火山灰からなる噴煙柱を空高く吹き上げた。ふたりのプリニウスはナポリ湾の対岸からそれを見つめた。小プリニウスは次のように書いている。「そのようすは松の木にたとえる以外に表現のしようがない。[3] それは高い幹のようにかなりの高さまで一気に立ち上り、てっぺんで枝分かれするように広がった」

予想どおり、大プリニウスはもっと近い場所から噴火を見たがった。彼は避難を支援するため、また詳しく観察するにあたって自分が湾の向こう側へ渡るために、艦艇の手配を始めた。小プリニウスは賢明にも邸宅に残って、学業を続けることを選んだ。大プリニウスが準備を整えていると、ヴェスヴィオ山の麓《ふもと》にあるスタビアエに邸宅を持つ友人の貴婦人から、脱出に力を貸してほしいと懇願する知らせが届いた。彼はガレー船をヘルクラネウムに差し向け、自分は「高速帆船」に乗り込んだ。一行がヘルクラネウ

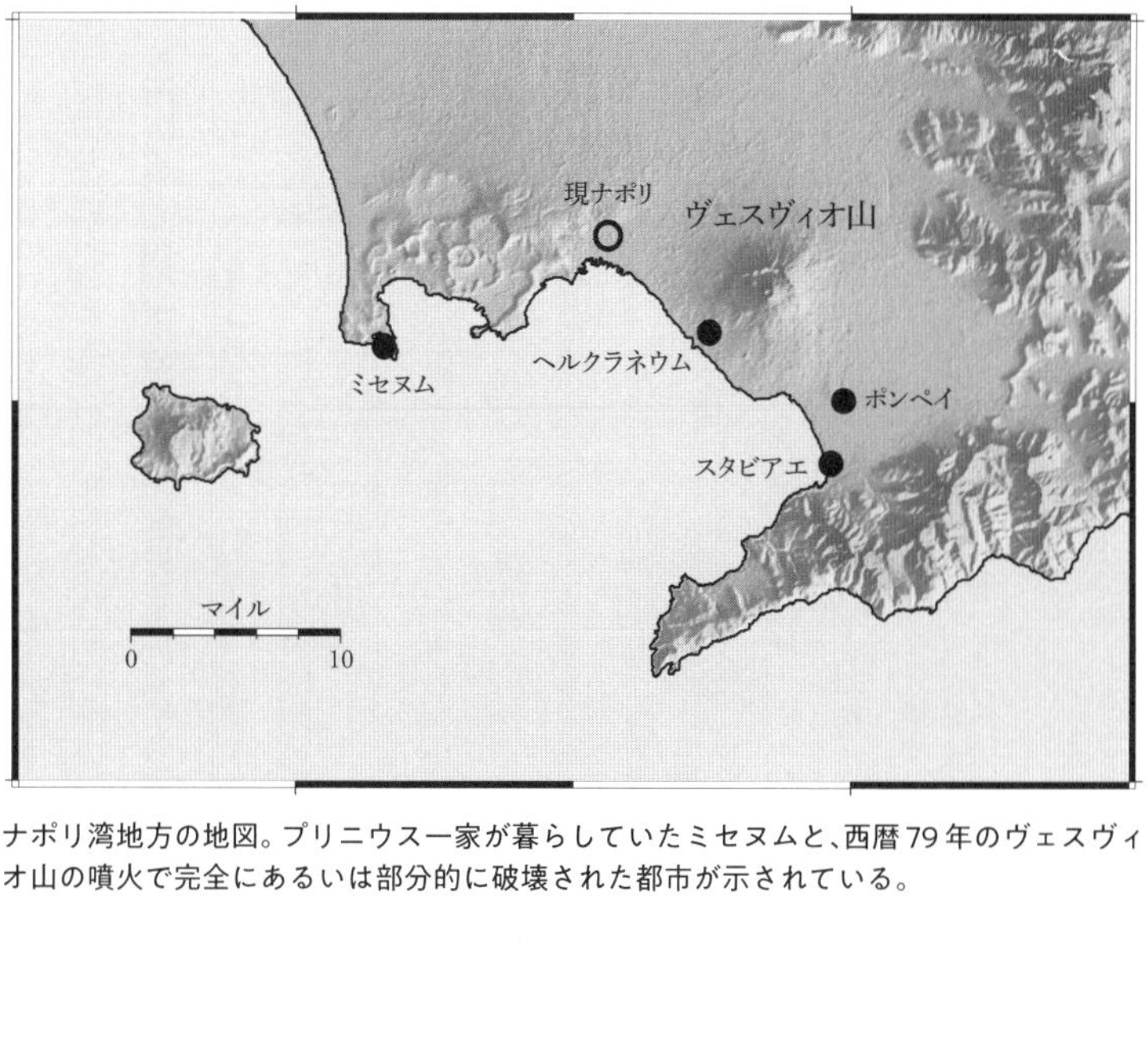


ナポリ湾地方の地図。プリニウス一家が暮らしていたミセヌムと、西暦79年のヴェスヴィオ山の噴火で完全にあるいは部分的に破壊された都市が示されている。

ムに近づくにつれて噴石と灰が激しく降り注ぎ、舵手《だしゅ》はミセヌムに引き返すことを勧めた。だがプリニウスは「運は勇気ある者に味方する」[4]と答え、友人が暮らすスタビアエに向かうよう命じた。噴火による強い風が帆船を港へと運んだが、逆にその風が出航を不可能にしてしまった。

プリニウスの友人とその家中の者は、噴火そのものと、噴火のせいで荒れ狂う海を船が航行できないことに怯《おび》えていた。プリニウスは友人を安心させようと、風が弱まるのを待つあいだ彼女の屋敷で食事をし、風呂に入り、眠った。けれども、噴火が激しくなるにつれて、風が止みそうにないことが明らかになってきた（プリニウスは知らなかったようだが、じつは風は噴火が引き起こしていたのである）。彼らは再び船を出してみようと決心した。降り注ぐ火山灰と熱で溶けた岩から身を守るため、頭にまくらを結びつけ、危険を覚悟で海岸線に戻った。海はなおも船に乗り込めないほど荒れ狂い、大気には息ができないほど嫌なにおいが立ち込めていた。大プリニウスは力つきて倒れ、起き上がれなくなった。友人たちはやがて彼を残して船に乗り込んだ。彼らは脱出に成功し、小プリニウスに一部始終を語った。3日後、友人たちは現地に戻って大プリニウスの遺体を発見した。遺体は灰に埋もれていたが、目立った外傷はなかった。研究者のあいだではおもに、大プリニウスは心臓発作で死亡したと考えられている。もしかすると有毒ガスに誘発されたのかもしれない。

＊

空高く大気圏へと放出された溶岩が凝固して、火山毛、火山灰、火山弾など大きさに応じてさまざまな名前で呼ばれる粒子になるような爆発的な噴火は、成層火山の特徴である。成層火山は、ひとつのプレートが別のプレートの下に押し込まれている、沈み込み帯と呼ばれる場所にある。ヴェスヴィオ山の場合、アフリカ大陸がゆっくりとヨーロッパのほうへ動いて、アルプス山脈からピレネー山脈やアペニン山脈までの山々を押し上げ、イタリアの下へと地中海の海底を押している。海底が大陸の下へ押し込まれると、摩擦によって海底が熱くなって溶け、それに乗って堆積物が運ばれる。

この堆積物がこのタイプの火山を理解するかぎである。第一に、ほかのタイプの火山に見られるような地球の深いところから上がってくる溶岩と比べて、成層火山の溶岩には軽い鉱物の石英《せきえい》が多く含まれている。岩盤が動き回るとき(地質学的な時間で考えれば岩はよく動く)、石英は周辺の重い鉱物と比べて高い場所へと移動する。すると次第に、地球内部の深いところではなく、陸地内、および浸食によって陸地から削り取られる堆積物内で、石英の濃度が高くなる。この石英がほかの火山に見られるものよりも粘性の大きいマグマを作る。そして第二に、堆積物には水分が多く含まれているため、必然的にそこから作られるマグマにも水分が多くなる。

石英のねばり気が高ければ、ハワイの火山写真によく見られるように溶岩が前方へと流れるのではなく、溶岩同士でくっつきやすい。水分があるということは、溶岩中にガスと水蒸気が多いということでもある。それらは熱せられると膨張して爆発を引き起こす。クラカタウ山、セントヘレンズ山、ヴェスヴィオ山はみな沈み込み帯にあり、みな爆発的な噴火の可能性がある。

火山学者はポンペイ周辺の堆積物と小プリニウスが残した記録を調査して、噴火にはふたつの主要な局面があったと結論づけた。ひとつは8月24日の噴煙柱で、現在はプリニウスの名からプリニー式と呼ばれるタイプの噴火である。これは巨大な噴火の力によって大気中へまっすぐに立ち上ってから、重力に引っ張られて横方向と下方へと広がるため、小プリニウスが書き留めたような松の木の形をしている。ナポリ湾の対岸にいた彼は次のように述べている。最初の上向きの爆発後、灰が地上に落ちてきて、昼が「月のない、あるいは曇った夜というより、むしろ閉め切られた明かりのない部屋のような暗さになった。女が嘆き、子どもが泣き、男が怒鳴る声が聞こえた。親を呼ぶ声もあれば、子どもや夫や妻を呼ぶ声もあった。声で探すよりほかなかったのだ」

およそ1万1000人の居住者のほとんどが暗闇のなかを徒歩でその地を離れ、死を免れた。大プリニウスが死んだと知らせを受けた小プリニウスは、（おじ同様に高齢で太り過ぎの）母親を連れ、徒歩で避難しようと必死に努力した。道は闇のなかで立ち往生した多くの避難民でふさがっていた。小プリニウスは、もうすぐ世界が終わると信じた人々のようすを描いている。

多くの人は神々に助けを求めたが、それを上回る数の人が神々はもういない、世界は永遠の闇に落ちたのだと思った。本当の差し迫った危険に、作り話の危機をつけくわえる人もいた。だれかがミセヌムの一部が崩壊した、あるいはほかの一部が燃えているなどと伝えると、その話が偽りであるにもかかわらず信じる人がいた。（中略）かくも危険な状況にあってさえ思わず不安にかられてうめいたり泣いたりすることはなかったと、わたしは胸を張って述べることができるが、全世界が自分とともに滅びつつあると思われた状況で、自分が永遠の命を持たない人間であることはほとんど慰めにならなかったことは正直に認めよう。[5]

数日後、小プリニウスと母親は安全な場所へ逃げ延び、やがてローマに戻った。一方、少なくとも最初の晩は家にとどまろうと決断した住民もいた。そのときまでに火山灰はすでに1日降り注いでいた。家屋は落ちてくる岩から身を守ってくれる。家に残るという選択肢がもっともらしく見えたとしても不思議はない。その晩、噴火が第二の局面に入ろうとは、ポンペイとヘルクラネウムの住民は知る由もなかった。

成層火山が噴火するとき、その噴出物はたいてい大気圏の上空数万メートルという高さまで運ばれる。しかし、噴火が進むと物質が重くなり、キノコ雲が大気圏に上がるのではなく、熱いガスと灰が勢いよく山の表面を流れ始める(空気より重いガスは下方へ流れる)。これはギリシア語で「火」を意味するpyroと「粉砕」を意味するclasticから、「火砕流」pyroclasticと呼ばれる。ガスの流れは速く、たいていは時速80キロほどだが、過去には時速480キロ強も観測されている。また摂氏約260度ときわめて高温なため[6]、浴びれば即死する。

火砕流はもっとも命取りになる噴火の形だ。あまりに速くて逃げることができず、唐突に犠牲者を襲うように見える。初期の発掘では、ポンペイに埋まっていた１８００体の遺体の歪んだ姿勢は、犠牲者が相当な苦痛を受けたものと解釈された。しかしながら、むしろ、極度の高熱によって即死し、死後に体が熱ショックで痙攣した可能性が高い。それから火山灰の堆積物が家ごと遺体を埋め、２０００年のあいだこの悲劇の物語をそのままの形で保ち続けたのである。

*

ヒトという種のもっともすぐれた能力のひとつは理論化できることである。進化の圧力によって、脳は偶然のできごとにさえパターンを見つける力を得た。草むらでカサカサと音が聞こえるとき、それは偶然の風の音だから放っておこうと考えることはできるが、自分をねらっている捕食動物が隠れていると仮定して逃げることもできる。多くの場合は風で、まちがって動物だと思ってしまっても不必要に不安になるだけで命には関係ない。けれどもまれにそれが動物だと、不安が現実になり、偶然の風だと考えた人は致命的なまちがいを犯したことになる。もっとも本能的なレベルで、人は偶然性を嫌う。攻撃されやすい状態に置かれるからだ。

偶然発生した状況に意味を見つけたいという欲求は、存在を脅かす危険な状況以外にも見受けられる。天の星は空間的に不規則だ。空の位置によって見える星がひとつだったり、いくつかが一列に並んでいたりするのは、たんなる偶然でそのように配置されているだけである。ほかの位置でも必ず見える星がひとつであるかどうかはわからない。偶然とは、前の事象から次の事象を予測できないことである。それでも、わたしたち人間はパターンを作ろうとする。星座を見出して、その星座を描写する物語を作るのである。

そして、オリオン座の3つ星、カシオペア座など、古代ギリシアや古代ローマの人々が星座を解釈するために神話に頼ったのとちょうど同じころ、すでに述べたように、地質学的な現象もまた天上の存在と結びつけられた。そうした考えは、そうでなければ説明のつかない自然現象を解き明かし、世代によって被害を受けたり受けなかったりする理由を知りたいという欲求を満足させた。しかしながら、ポンペイの住民が身をもって知ったように、どれほど儀式を行っても自然を制御することはできなかった。どうしようもなかった(もしかすると、人間の支配者の気分次第でいともあっさりと生活を破壊される多くのローマ人にとっては、身に覚えのある感情だったかもしれない)。

ギリシア・ローマ文化が衰退するにつれて、ユダヤ文化が神とその人間界との関わりについて異なる概念を作り上げ始めた。ユダヤ人は自己本位で狭量な神々の姿を拒絶した。彼らは、神とは人間と契約を結ぶにふさわしい、本質的に善良で愛すべき存在だと考えた。だが、神が善良であるなら、地震、洪水、火山の噴火による人々の苦難はどのように説明すればよいのだろう?ユダヤ人の答えは、非は自分たちにあるにちがいない、というものだった。古代文化の多くには必ず洪水の物語がある。けれども、ノアの箱舟の物語では、洪水の非は神ではなく犠牲者側にある。

ソドムとゴモラの物語は、その結びつきをいっそうはっきりと示している。創世記では明らかに火砕流と思われる状況を描写して「主はソドムとゴモラの上に天から、主のもとから硫黄の火を降らせ」(新共同訳)たとある。そうなった原因は、それぞれの町に10人の「正しい者」が見つからなかったからだった。聖書では、地震や暴風は、神が人間に対して不快感を抱いた証として繰り返し取り上げられている。詩編にはこう書かれている。「主の怒りは燃え上がり、地は揺れ動く。山々の基は震え、揺らぐ」(新共同訳)

当時のキリスト教やユダヤ教の書物では、ポンペイの滅亡はその9年前にローマ人がエルサレムを略奪したためだと説明されている。エルサレムの包囲と破壊を導いたローマの将軍ティトゥスは、噴火のちょうど2か月前に皇帝になっていた(廃墟と化したポンペイの壁に描かれた1世紀の落書きにその結びつきが見て取れる。そこには「ソドムとゴモラ」と書いてある)。このような考え方は、善良な神が不幸なできごとをもたらす理由を正当化するだけでなく、自然を制御できるという幻想も与える。災害が罪に対する罰であるなら、汚れのない人生は魂の救済をもたらすのだ。

ユダヤ教徒とキリスト教徒は遠い昔からこの解釈におおむね満足してきた。それは、運命はあらかじめ決められているという予測可能な世界観にぴたりと合っていた。しかしながら、西洋の神学が発達すると、自然災害で罪のない人がひとりも命を落としていないとは認めにくいと考える者が現れた。敬虔《けいけん》に見える神父がとんでもない罪を隠している可能性はあっても、腕に抱かれた赤子にはそのようなことはできないはずだ。

ヒッポの聖アウグスティヌス、[7]またのちに解釈を広げた聖トマス・アクィナス[8]の思想は、この難問と折り合いをつける手段となった。彼らは、神は人間に自由意志を与えなければならなかったのだと述べた。運命はあらかじめ決められているのではなく、神は人に善悪を選ばせる。ひとたび人が選べば、あとになってから神がその人の悪を許すことはできない。人は自分の決断がもたらす結果を背負って生きていかなくてはならない。

これはたとえば戦争の説明としては十分わかりやすい。しかし、自然災害にあてはめるには少々無理がある。特に、物理的な原因を理解しなければ、何世紀にもわたって平穏が続いたのちに発生する地震は、きわめて不公平に感じられるからだ。聖アウグスティヌスはそのような災害を「自然悪」と呼び、天地創造そのものがアダムとイヴの堕落によって汚れていることから、自然災害は堕天使の邪悪な選択の結果だと述べた。聖トマスは、災害時の苦難は、勇気ある行動や思いやりといった善を実現するための必要悪だと主張した。そのため神は「自然悪」を残したのだと。

そうした議論で依然として理解されていなかったのは、自然災害は地球上の生命の存続を可能にする体系と切っても切れない関係にあるということである。大気中の熱は集まると嵐になるが、その同じ動きは海から水分を引き上げて陸に雨を降らせるために必要である。地震のない惑星には雲の流れを止める山や谷はなく、地下水をせき止めて地表に泉をもたらす断層もない。これまで見てきたように、自然災害は、生命を維持するために必要な自然環境における、避けることのできない変動の産物なのである。

　自由意志に関する主張は現代では異なる意味を持つ。自然災害がもたらす被害を人類の選択の結果と考えることは可能だ。けれどもそれは、科学と経験に基づいて対策を取るべきときに、十分な強度の建物を建てること、あるいは水道管をきちんと維持することを怠った結果としてわたしたちに降りかかる。そう考えれば、家族や地域社会の人々の健康と安全をないがしろにして短期的な利益を優先することの道徳的な欠点がよくわかる。

　けれども、災害を神の定めとみなしているかぎり、その物理的な調査までもが制約を受ける。地震は神が与えたものとする考え方は、多くの人がそうではないという証拠を否定できなくなるまで、その後何千年も異議を唱えられないままだった。

# 第2章 死者を葬り生存者に食べものを

## ポルトガル、リスボン、1755年

では、われわれは善なる神をどう理解したらよいのか
神は、愛する子どもたちに惜しみなく善を施し
そして同時に、悪を、たっぷりとふりまく
――ヴォルテール、『リスボン大震災に寄せる詩』(『カンディード』斎藤悦則訳)

1755年、ポルトガルのリスボンはロンドン、パリ、ウィーンに次ぐヨーロッパで4番目の大都市だった。タグス川の河口に作られたリスボンの港はヨーロッパ最大級で、新世界からの富が運び込まれていた。王家には植民地ブラジルの鉱山から金やダイヤモンドが流れ込んできた。スペイン王家にからんだ王位継承の混乱で独立国家としての存在が脅かされはしたものの、ポルトガルは主権を取り戻し、ジョゼ1世によって統治されていた。国は敬虔なカトリックで、法律と教育の両制度が信仰を後押ししていた。大学ほか、ほとんどの教育機関はイエズス会が運営し

ていた。なおも異端審問が続けられており、火刑に値する罪人を含む異端者の処罰が「アウト・ダ・フェ」として公開の場で行われていた。

一方、ヨーロッパ各地では啓蒙思想が活気を帯びつつあった。科学革命とともに初期の主知主義が芽生えた。経済学、哲学、政治学、自然哲学が取り入れられ、のちに世界を変えた思想や学問にまとめ上げられた。デカルトの数学からアダム・スミスの経済理論まで、人々は社会の本質について議論し、社会を改善しようとしていた。敬虔なカトリックの教えと教育制度に対するイエズス会の強い影響力が原因で、ポルトガルはほかの大国とは一線を画しており、知識の発展が抑制されていた。

それより5年前、36歳のときに王位についた国王ジョゼ1世は絶対権力を享受していた。彼は15歳でスペイン国王の娘と結婚した（妻の兄で、のちにスペイン王となるフェルナンド6世のもとへはジョゼの姉が嫁いでいた）。ジョゼはだれの目から見ても聡明だったようだが、妻の好きな音楽と狩りに多くのエネルギーを費やした（あとでわかるが、そのおかげで命拾いしたともいえる）。政治に興味がなかった王は、それぞれ内務、外務、軍務にあたる3人の長官を指名し、統治に関する判断のほとんどを彼らに任せた。外務長官のセバスティアン・ジョゼ・デ・カルヴァーリョ・イ・メロは見る見るうちに政府内で支配力を強めていった。

デ・カルヴァーリョの公人としてのスタートはかなり遅かった。地方貴族の息子だった彼は、法律家をめざしてコインブラ大学で勉強していたが、途中で挫折して退学した。辞めた理由がイエズス会によるカリキュラムの柔軟性のなさにあったのか、学内の規律の厳格さだったのかはわからない。兵卒として陸軍に入隊したが、軍隊生活もまた彼にはなじまず、兵役も短期間で終わった。方向を見失った彼は10年のあいだリスボンの遊び人としてぶらぶらして過ごした。19世紀オックスフォードの歴史学者モース・スティーヴンスは次のように書き表している。「ハンサムな顔立ち、屈強な体格、すぐれた運動能力のおかげで、比較的貧しかったにもかかわらず、首都の社交界ではどこでも人気があった」[1]

彼は上流階級のパーティーによく招待された。少なくとも、王国内で大きな影響力を持つ貴族の姪《めい》と駆け落ちするまではそうだった。女性の家族は結婚を無効にしようと試みたが、本人に夫と別れる気がなかった。最終的に家族は可能ななかで最善の策を取ることに決め、デ・カルヴァーリョが駐ロンドン大使になれるよう手配した。時は1739年、彼は40歳だった。

そのロンドンで、デ・カルヴァーリョはようやく本領を発揮し始めたようである。首尾よくイギリス王室内におけるポルトガルの地位を高め、両国の宗教のちがいをものともせずにイギリスと親しい関係を築いた。ロンドン滞在は世界に対する彼の知見を広げた。大英帝国の商業力を目のあたりにした彼は、イギリスを成功に導いた政治や経済について知識を深める。デ・カルヴァーリョは1745年にリスボンに呼び戻されたが、その後、オーストリア帝室とローマ教皇のあいだの難しい和解を交渉する特使としてオーストリアへ派遣された。当時のフランス人外交官はデ・カルヴァーリョの仕事ぶりについて次のように表現している。「そのような情勢において（中略）彼は技能、知恵、率直さ、気立てのよさ、そして何よりも辛抱強さを兼ね備えていることを幾度となく証明してみせた。（中略）高潔でありながらそれを見せびらかすことはなく、聡明で慎重、（中略）善良な世界市民だった」[2]

１７４９年にポルトガルに戻るころまでに、デ・カルヴァーリョは、経済を支えるインフラに投資する力強い政府が必要だと確信していた。教育を宗教から切り離すことの重要性は言うまでもなかった。

国王ジョゼから権限を与えられたデ・カルヴァーリョは、ポルトガル国の改革に着手した。中央銀行が設立され、さまざまな産業の育成ならびに保護の取り組みが実施された。デ・カルヴァーリョは知的思想を完全支配するイエズス会がポルトガルの足かせになっているとにらんでいたが、このきわめて敬虔なカトリック国家では反発することは難しかった。ポルトガルの国民３００万人のうち20万人を超える人々が修道院にいた。異端審問で成り立っていたポルトガルには血の純潔規約があり、15世紀に強制的に改宗させられたユダヤ人やムーア人の子孫が「新キリスト教徒」として監視されていた。そうすれば「旧キリスト教徒」が婚姻によって血筋を汚されることがないからだった。

外務長官になってまもないころ、デ・カルヴァーリョはみずからの地盤を固めるためにイエズス会と手を結んだ。その一方で、彼は同会の権限を抑えるための策も講じた。１７５１年、彼はローマ教皇から同意を取りつけた。イエズス会の異端審問官は一方的に死刑を科してはならず、政府の同意を得なければならない。1755年11月1日の諸聖人の日を迎えるまでに、デ・カルヴァーリョはすでにポルトガルの事実上の支配者になっていた。

＊

ヨーロッパでマグニチュード8を超える大地震が発生したことがあると聞くと、驚く人が多い。地震が発生する場所では、大きな地震と小さな地震の比率は一定である。すなわち、小規模地震が起きる場所では大規模地震も発生しやすい。そして、ポルトガル周辺にはある程度の地震活動が見られるのに対して、近隣の地域、とりわけヨーロッパ南東部には同等の地震活動は見られない。

小さな地震がたくさんあるからといって必ずしもすぐに大地震が起きるわけではないのと同じように、小さな地震がないからといって地震がまったく起きないというわけでもない。規模の大きさは、破壊されうる断層の長さによってのみ決定される。プレート理論の解釈から、アフリカがヨーロッパに向かって動き、アルプスを押し上げ、ギリシア、イタリア、トルコに地震を起こし、エトナやヴェスヴィオといった火山を作っていることはわかっている。ジブラルタルの西側では、この圧縮状態がアゾレス・ジブラルタル断層帯に沿って続いている。実際その地域では、1900年以降もマグニチュード6から7の地震が多数記録されている。けれども十分沖合に離れているため、そうした小さな地震は被害をもたらさず、だいたいにおいて見落とされている。

1755年の諸聖人の日に起きた地震は、その地域としてはまちがいなく人類史上最大規模だった。言うまでもなく、地震計で地面の動きを計測するという現在の地震規模計測方法は、そのような技術の誕生より前の地震に用いることはできない。しかし、地震で放出されるエネルギーは、動いた断層の面積（これについてはのちほど詳しく述べる）と、断面と断面がずれる距離、すなわち「すべり量」によって決定される。したがって、そうした地質学的な情報から事後に地震の規模を推測することは可能だ。ただし、観測したい断層が海底にあるとそれが難しくなる。リスボンはまさ

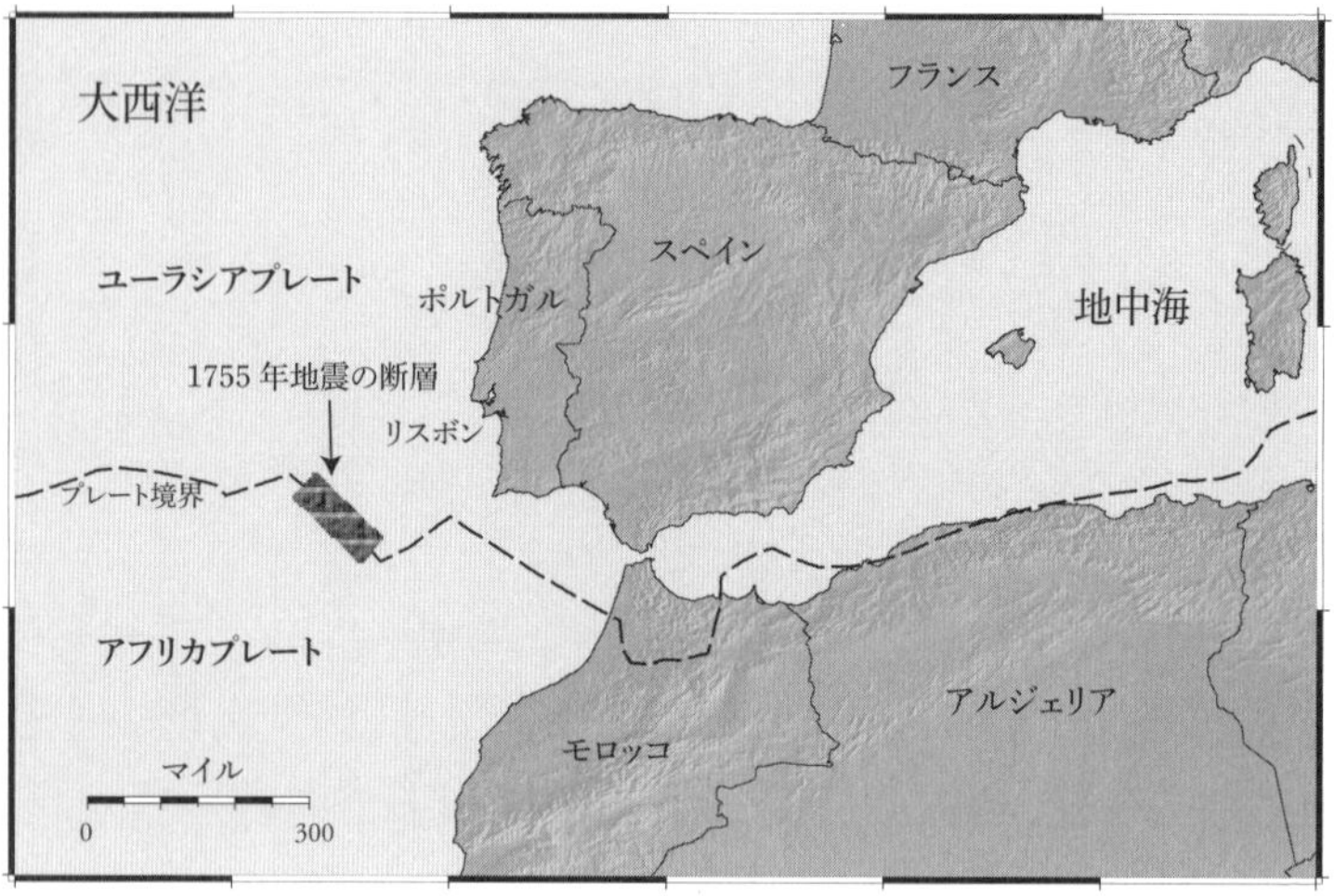


ヨーロッパ南西部の地図。プレート境界と 1755 年のリスボン地震で動いたと考えられる断層が示されている。

にそうだった。一方、津波が起きれば、津波の水量から断層の大きさ、そこからまた地震の規模を推測することもできる。だが、データが古ければ、推定がどうしても大雑把《おおざっぱ》になってしまうとは否めない。そこで、地震の規模を決める3つ目の方法は、揺れを感じた地域がどれほどの被害を受けたのかに焦点をあてることである。

リスボン地震に対しては、今述べた方法がすべて用いられ、推定されたなかで最小の規模がマグニチュード8・5だった。最大は9・0である。リスボンは激しい被害を受けた地域の北端にある。リスボンより南のポルトガル沿岸地域はすべて同じように激しく揺れた。つまり、本当に巨大な地震だったのだ。それを引き起こした断層は300キロ以上の長さだったにちがいない。

*

諸聖人の日は守るべき祝日である。つまり、教えを守っているカトリック教徒はみなミサに行かなければならない。リスボンに数多くあった教会はどこも、訪れる人々を受け入れるために朝からずっと複数の礼拝を行っていた。使用人らはおそらく、祝日を祝う豪華な食事を準備する仕事に戻れるよう早朝の礼拝に出かけただろう。紳士階級や貴族階級の人々は午前9時の礼拝に訪れたと思われる。特筆すべき例外は王家だった。馬と狩りを好んだ王族は、祝日を郊外の屋敷で過ごそうと早朝の礼拝を選んだのである。その日教会にいた人々は込み合った信者席に詰め込まれ、すばやく逃げ出せなかっただろう。そして、厄介なことに、大きな教会堂には複数の付属礼拝堂があり、それぞれに祭壇があって、すべての祭壇に火を灯したろうそくが置かれていた。揺れは9時40分に始まった。これほど大きな地震ともなると長い断層に沿って破壊が進んでいくことになる。揺れはおそらく3分から5分は続いただろう。弱い揺れから始まって次第に強度が増していった。リスボンで暮らしていたイギリス人聖職者チャールズ・デイヴィはのちに次のように描写している。

書きものに使っていたテーブルがゆっくりとした動きで揺れ始めたので、わたしはいくぶん驚いた。風はそよとも吹いていなかったためだ。なぜだろうと思いをめぐらせたが原因はまったく思いあたらず、そうこうするうちに家全体が土台もろとも揺れ始めた。初めは、この時期にしては珍しいが、ベレンから宮殿のほうへ、街道を馬車が何台もガタガタと走っているせいだと考えた。けれども耳をすませば、そうではないとすぐにわかった。遠くで鈍く響く雷鳴のような、奇妙なおそろしい地中の音が聞こえた。それらは1分も経たないうちにみな過ぎ去った。[3]

地震で断層が急にすべると周辺の地面がねじれて、おもにふたつの波が生じる。P波は地面を押し縮め、音速で伝わる（音もまた圧縮波である）。デイヴィが聞いた「地中の音」はP波だったろう。かたや、S波は地面をねじ曲げる。伝達速度は遅いが、P波より大きい。それぞれの波が到達するまでの時間差は、毎秒およそ8キロのスピードで広がっていく。P波とS波が到達する時間差が30秒なら、地震がおよそ240キロ離れた場所で発生したと推定できる。

S波はまったく異なる体験をもたらした。

わたしは（中略）あたかも街の立派な建造物が一気に崩れてしまったかのような、このうえなくおそろしい衝撃で身動きできなかった。家があまりに激しく揺れたため、上階が即座に崩れ落ちた。1階にあるわたしの部屋は同じ運命はたどらなかったが、何もかもがものすごい勢いでもとの場所から投げ出されて足の踏み場もなかった。壁はすさまじい勢いでぐらぐらと揺れ、あちらこちらに亀裂が入り、四方の割れ目から大きな石が落下し、屋根の垂木《たるき》がことごとくせり出してきて、まるで生きた心地がしなかった。

教会の信者席に座っていた人々を思い描いてみよう。まずゆるやかな揺れを感じる。最初は勘ちがいかと思うかもしれない。するとより強い地震波がやってきて、人々は隣の人と顔を見合わせ、どうすべきかを考えようとする。周りには大勢の人がいて逃げ出すことはできない。そこへS波が襲いかかり、建物の一部が崩壊する。火のついたろうそくが人々に、タペストリーに、書物に降りかかる。揺れは建物全体が崩れ落ちるまで止まらない。人々の恐怖は想像を絶する。

たくさんの人が建物に押しつぶされて死亡した。なかでも教会が多かった。数分後に発生したきわめて大きな余震が追い打ちをかけ、最初の地震で持ちこたえた建物の多くを完全に破壊した。そのころまでに建物から出られる人々はみな脱出し、多くは辺り一面で起きている破壊を逃れようと川の波止場に集まった。そこは安全なように見えた。だが、最初の大きな余震直後に到達した津波の通り道だった。

津波は海底の形が突然変化するときに発生する。リスボン地震はおそらく「衝上《しょうじょう》断層」である。一方の地面が押されて持ち上がり、もう一方の地面の上にずり上がって、海底に以前より高い新しい尾根ができる。尾根の上の海水は押し上げられるが、水であるがゆえに、すぐに低いほうへ流れ落ちる。それが波となって海岸方向へ移動する。さらに、断層の上にある海水全体が動くため、波はすさまじいエネルギーを持っている。海が深ければ深いほど波になる水の量は多い。海岸に近づくにつれて海は浅くなり、波は高くなる。リスボンのタグス川で起きたように、河口に到達した波は川をさかのぼり、川の両岸にあたって跳ね返る。そのきわめて強い流れは数時間続くこともある。

倒壊した建物から離れようと河岸をめざすたくさんの人の流れに加わっていたデイヴィは、自分の目に映ったものに驚愕した。

幅が6キロほどもあるその川に目を向けると、風がまったくないにもかかわらず、何とも不可解なことに、川の水かさが増してうねっていた。次の瞬間、少し離れたところに、山のように高くなった大量の水が現れた。それは泡立ち、ごうごうと音をたてながら、川岸に押し寄せた。あまりの激しさに、わたしたちはみなすぐ、できるかぎり急いで逃げた。多くの人が押し流されてしまい、残りは川岸からけっこう離れた場所でも腰より上まで水に浸かった。わたし自身はかろうじて難を逃れたが、水がもとの水路へ引いていくまで地面に横たわっていた大きな梁につかまっていたのでなければ、まちがいなく死んでいただろう。水は押し寄せたときと同じ勢いで即座に引いていった。

これ以上ひどくなりようがないと思われたが、状況は悪化した。ミサを祝うために祭壇に灯されていたろうそくが、木製の彫刻、刺繡の施された祭壇の布、古い祈禱書《きとうしょ》に火をつけ始めた。火は燃え広がり、組織立った消火活動は存在しなかった。火は日暮れまでに残っていた街のすべてを飲み込んで、6日間燃え続けた。リスボンの建造物の85パーセントは地震もしくは火事で破壊された。川の堆積物でできたゆるい地盤が揺れを増幅したため、川沿いの被害はなおのこと大きかった。そこは旧市街の中心部だったことから、被害にあった建物は、宮殿、公文書保管所、教会などもっとも重要な建造物ばかりだった。

また、影響を受けたのはリスボンだけではなかった。南岸沿いの町はほとんど、大きな被害を受けたか、あるいは完全に破壊された。過去の事象によくあるように犠牲者の推計には大きな開きがあるが、もっとも真実に近いと思われる情報源によれば死者は4万から5万人で、その4分の3はリスボンで犠牲になったと考えられている。

*

リスボン地震はヨーロッパを襲った最大の自然災害として記憶されているが、自然災害に対して初めて中央政府が主要な対応を行った事象としても知られている。それは今なお、もっとも効果的な対応策のひとつだ。リスボンにあった王宮は完全に破壊されたが、王家は早朝に街を離れていたため、まもなく、リスボン郊外にある小さなベレン宮殿で宮中会議が開かれた。王はデ・カルヴァーリョに向かって「このような天罰にあっていったいどうすればよいのか?」と声を張り上げたと言われている。デ・カルヴァーリョの落ち着いた返答は伝説になっている。「陛下、死者を葬り生存者に食べものを」。デ・カルヴァーリョはただちに残存していた政府機関の指揮をとった。大きなショックに見舞われた当時、彼の果敢な行動にはだれもが感謝し、従ったにちがいない。

それから8日間、デ・カルヴァーリョは馬車で寝泊まりしながら、人々を動かして対応にあたらせ、秩序を回復した。リスボンの町はずれに衛兵を置き、健康で丈夫な住民が出ていこうとするのを止め、がれきを取り除いたり生存者のための十分な避難所を作ったりするために街に残って支援するよう命じた。略奪行為を防ぐために街の複数の高い場所に絞首台を作り、略奪現行犯の即決裁判を行った。翌月には30人を超える人々が処刑された。

秩序を維持し、復興に着手するために、デ・カルヴァーリョは200もの法令を公布した。ときには、膝の上で急いで鉛筆書きされたものが、複写もされないまま目的地に送られることもあった。それらの法令は現代の対応としてもよく知られている多くの内容に関わっていた。たとえば、家を失った人々に避難所と食料を手配する、負傷者を治療する、便乗値上げを禁止する、学校や教会を再建する、などである。遺体の数があまりに多く、腐敗して公衆衛生上の悪夢になる前に埋葬することが不可能だったため、イエズス会は反対したが、遺体はおもりを結びつけて海に流された。

デ・カルヴァーリョの判断でもっともすぐれていたのは、復興をはかどらせるために必要なもののごとを見抜いたところである。彼は人々に希望を与え、それと同じくらい重要なことに、人々にそれぞれの役割を果たさせた。地震からわずか1か月後の1755年12月4日、王国の主任技術者は国王に4つの復興の選択肢を提示した。それらは、リスボンを放棄する、物資を再利用して再建する、道路を広げ、将来の火災による被害を減らすための改良を施して再建する、まったく新しい都市を作ることだった。ヨーロッパ各国、特にイングランドの支援を受けて、国王はもっとも大胆な計画を選択した。1年も経たないうちに、リスボンからがれきが撤去され、再建が始まった。

デ・カルヴァーリョはリスボンの英雄になった。国王は彼を首相に任命し、再建を実行に移すためのすべての権限を与えた。数年後、彼にポンバル侯爵の称号が与えられた。彼はリスボンの完全な復興を達成し、地震後に多くの命を救ったと広く評価された。新しい建物は将来の地震に耐えられる方法で建築するよう求められた。縮尺模型が作られ、軍隊が周囲を行進して、揺れに対する耐性がテストされた（この建築様式は彼に敬意を表してポンバル様式と呼ばれている）。

ほかの人々はともかく、国王ジョゼは地震によって精神的な深手を負ったままだった。極度の閉所恐怖症を発し、残りの人生をテントで暮らすと言って譲らなかった。国の統治ではますますデ・カルヴァーリョに頼るようになり、けっして異議を唱えなかった。国王が逝去してようやく、彼の娘、女王マリア1世は新たな王宮の建設を始めることができた。

デ・カルヴァーリョはまた、地震に関する初の科学的調査にも着手した。彼は以下のような一連の質問表を各教区の教会に送った。地震はいつ始まってどれくらい続いたか？　死者は何人か？　海は最初に高くなったのか、それとも低くなったのか？　そのデータは、リスボン地震の震源や規模をより正確に推定するにあたって、現代の科学者にも利用されている。

デ・カルヴァーリョの成功は彼の政治権力を不動のものにし、大胆なポルトガル近代化計画の実行を可能にした。最大の改革はイエズス会を権力ある地位から排除したことである。イエズス会は絶対君主にとって危険であるだけでなく、国の知的向上にとっても障害だと彼は考えていた。地震前、彼は、異端審問で決定された処刑が政府の承認を受けなければならない制度を作ることしかできなかった。地震からわずか2年後、デ・カルヴァーリョはイエズス会がポルトガルの裁判に関わることをいっさい禁じた。翌年、イエズス会は商取引に関われなくなった。1759年、イエズス会が国王に反逆する計画に関与しているところを取り押さえたデ・カルヴァーリョは、イエズス会の保有財産を没収して、すべての大学を宗教から分離することに成功した。

*

リスボン地震の物理的な揺れは、はるか北のスカンディナヴィアにいたるまで、ヨーロッパ各地で感じられた。啓蒙思想の絶頂期に発生したこの地震は、その後数十年間ヨーロッパの広い範囲で反響した哲学上の大きな揺れも引き起こした。理性的な思考と信仰の役割が問われていた当時、リスボン地震がもたらした強い不公平感が、哲学と科学に大きな影響を与えたのである。地震はキリスト教思想に根本的な変化をもたらしたと、多くの歴史学者が述べている。政治理論学者ジュディス・シュクラーは言う。「そのときから、自分が苦しむかどうかはもっぱら自分と非情な自然環境の問題だと認識され、今日にいたっている」[4]。道徳哲学者スーザン・ネイマンはそれを「自然悪と道徳悪の近代的な区別の始まり」[5]と呼んでいる。

しかしながら、リスボン地震には宗教を一様に切り離すほどの影響力はなかった。[6]地震の原因と結果は見る人によって大きく異なっていた。たとえば、地震の犠牲にひどく心を痛めたフランスの哲学者ヴォルテールは、ただちに『リスボン大震災に寄せる詩』を書き、数週間後の1755年12月に発表した。彼は、慈悲深い神がリスボンの苦難をもたらしたという解釈を拒んでいる。

圧死した母親の血だらけの乳房にすがりつく赤子は
この世でどんな罪、どんな過ちを犯したというのだ
壊滅したリスボンは、歓楽の都市パリやロンドンよりも
悪徳にまみれていたのか[7]（『カンディード』斎藤悦則訳）

神はよい世界を作った。明らかな悪はみな意図されたものである。そして詩人アレキサンダー・ポープが言うところの「すべてのものはよきものである」。ヴォルテールは当時広く知られていたこうした哲学的楽観主義を否定した。

あなたはこの悲惨な混沌を眺めて
個体の不幸の集積が全体の幸福を作る、と言う
何という幸福、ああ、はかなくて、みじめな幸福

あなたは震え声で「すべては善である」と叫ぶ（同訳）

ヴォルテールが神の導き説を拒絶したことは、しばしば無神論を支持していると解釈される。実際、天災を神の手による罰とみなす考え方が西洋の人々の心にあまりにも深く刻み込まれていたため、それを拒絶するということは神の概念そのものをはねつけるに等しいように見える。しかし、ヴォルテールは有神論者である（たしかに組織宗教の働きのほとんどを非難してはいるが）。

ヴォルテールの著作はヨーロッパの哲学者のあいだでさまざまな反響を呼んだ。ルソーからの書簡もそのひとつである。ルソーは神の関わりという点でより伝統的な見解——基本的には、苦難には意図がある、そうでなければ苦難がかくも苦しいものであるはずがないという考え方——を持っていた。ルソーはすでに自然主義を支持し、人に降りかかる災いのほとんどは、都市部で暮らし、自然にもともと備わっている平穏から切り離されているために生じると考えていた。この発想にしたがって彼は、被害の多くは至近距離に背の高い家屋をいくつも建てようとしたために生じたもので、つまり人間の自由意志が引き起こしたものとしか考えられないと主張した。ルソーはそれ以外にも、たとえば、貴重品を取りに燃えさかる建物に戻るという判断など、人が選択を誤った例について述べている。あの日生き残っていたら経験したであろう、より過酷な苦難については知りえないのだから、われわれは神の力や善意を拒むことはできないと主張して、彼は議論を締めくくった（リスボン地震がまだよいほうだと思えるのなら、いったいルソーにとって都市生活はどれほど堕落していたのだろうと思いをめぐらさずにはいられない)。

哲学への影響が何であれ、リスボン地震を機に、自然界は科学的手法で説明また理解できるという考えに弾みがついた。ヨーロッパ各地の新進の科学者たちはそれを肌で感じ、物理的な原因についての仮説がいくつも誕生した。観察できるなかでもっとも速く動く自然現象は風だったことから、ほとんどは地球上の水蒸気に関するアリストテレスの解釈を参考にしていた(地表に出ている断層が観察され、地震発生時の断層の役割が論じられるようになったのは、1906年のサンフランシスコ地震以降である)。それでもリスボンの震災は大きな進歩のきっかけとなった。初めて、地震が分類されて、地震の発生は空間的に偶然ではない——地震の発生しやすい地域は判別できる——と認識されたのである。

しかしながら知識人の世界を出れば、大多数の人はなおも、災害は偶然の脅威ではなく神による懲罰だとする、それまで慣れ親しんできた考え方を維持していたようである。守るべき祝日の朝、まさにたくさんの人が教会を訪れていた時間帯だった地震発生のタイミングは、きわめて重要な意味を持っているように見え、たんなる偶然には思われなかった。必然的に疑問が生まれた。教会にいた敬虔な信者が襲われ、赤線地帯の娼婦が、少なくとも相対的に、被害を免れたというのはいったいどういうことなのか?

現代科学はこの矛盾も説明できる。理由は3つある。第一に、リスボンはもともと港として築かれた街で、先に述べたように、当初の建造物は川岸に沿った堆積物の上に建てられていた。川のゆるい堆積物では、硬い土壌や岩よりもゆっくりと地震波が伝わる。遅いスピードで同じ量のエネルギーを運ぶと、波は大きくならざるをえない。きわめてゆるい土壌の場合、10倍以上も増幅されると考えられる。そうした土壌はまた液状化しやすい。土が揺さぶられると、それぞれの粒がたがいの距離を縮めて沈降する（小麦粉1袋を若干小さすぎる缶に入れるとき、キッチンカウンターの上でトントンと底をたたくときちんと収まるのと同じ現象）。川の近くのように土壌が水に浸っていると、沈降によって圧縮されたときに、土壌の粒のあいだに保たれていた水が押し出される。すると水圧が上がるが、ある程度の高さまで上がると、砂が一時的に流砂になって、水が圧縮されている場所から出るまで液体のように流れる。流砂は建物を支えるのにはまったく適していない。津波について記した聖職者のデイヴィは「噴砂」についても語っていた。これは水と砂が空中に吹き上げられる現象で、液状化現象の特徴である。

第二に、きわめて大きい地震は低周波エネルギーを放出するため、小さな建物より巨大な建物に損害を与える。第三に、教会は石で建てられているが、街の赤線地区にある売春宿はおおかた木造だっただろう。したがって、柔軟性が高く、揺れに耐えられたと考えられる。

むろん、1755年に神の裁きという理由を模索していた人々は、こうした説明の助けは借りられなかった。彼らが暮らしていたのは、カトリック教徒を教皇制支持の偶像崇拝者とみなすプロテスタントと、プロテスタント主義の荒廃から真の信仰を守るべく異端審問に頼るカトリック教徒とのあいだで二分されたヨーロッパ社会だった。カトリック国のポルトガルでは、多くの人が地震は自分たちの信仰心が足りなかったしるしだと考えた。当時の名だたる説教者でイエズス会士のガブリエル・マラグリーダ神父は、神がリスボンを破壊したのはあまりにも多くのプロテスタント教徒を街に入れてしまったためだと訴えた。[8] 地震直後の混乱のなかで34人が処刑され、そのほとんどがプロテスタント教徒だったことには大きな意味があったのだ。ヴォルテールは『カンディード』でそれを揶揄《やゆ》している。

地震はリスボンの町の四分の三を破壊した。この国の賢者たちは、リスボンがこれ以上すさんで全滅するのを防ぐには、民衆のまえで異端者たちを派手に火あぶり《オートダフェ》にして処刑するのが、もっとも効果的な手段だと考えた。数人の異端者をとろ火でじわじわと焼き殺す刑を見せ物にし、それを壮大なセレモニーにしたてるのが、地震を防ぐ絶対確実な秘策である。コインブラ大学がそう決定した。[9]（斎藤悦則訳）

プロテスタント界では、地震の解釈は一段と容易だった。カトリック教徒はまさに偶像崇拝者であり、異端審問は悪魔がけしかけたものだと神が示したのである。名を知られたイギリスの牧師でメソジスト教会の創始者ジョン・ウェスレーは、罪深き者に神の裁きが下りたことを地震ほど明白に表す事象はないと意見を表明した。リスボンについて、彼はこう記している。

昨今のポルトガルの話はどうだろう？　何千軒もの家がなくなり、何千人もの人が死んだ！　大きな都が今やがれきの山だ！　この世を裁く神は本当にいるのか？　その神が今、血の審判を行っているのか？　そうであれば、たくさんの血が水のように大地に流されたかの地から始めて当然だろう！　多くの勇敢な者たちが、何の敬意も払われず、顧みられることもなく、ほぼ毎日、昼夜を問わず、もっとも下劣で卑怯、かつ野蛮な方法で殺されたあの場所で。[10]

神の裁きという考え方は、ポルトガルの人々に実際の影響を与えた。スペインとの紛争が原因で、ポルトガルはヨーロッパのプロテスタント国家と強力な関係を築いていた。地震後最初に国王ジョゼに謁見したのはイギリスとオランダの駐ポルトガル大使だった。深刻な被害状況を見て心を痛めた彼らは、それぞれの国にリスボン市民への援助を求める書簡を送った。イギリスの国王ジョージ2世は緊急援助として10万ポンドもの大金を約束した。けれどもプロテスタントのオランダ政府は援助を拒否した。カルヴァン主義の見地に立つ彼らから見れば、ローマ・カトリック教会の偶像崇拝を理由に神がポルトガルに罰を与えたのだとしたら、自分たちはそれに干渉する立場にはない。ポルトガルが受けるべき苦難の度合いは神が正しく決めたのだから。

第3章

# 最大の惨事

## アイスランド、1783年

神の多くの行為が不注意によって永遠に失われてしまったように、
これらの記憶がわたしの死とともに消えて忘れ去られてしまうとしたら、
残念なことである。

——ヨン・スティングリムソン、自叙伝の序文、1785年

自然災害全体のなかで、甚大な物理的被害をもたらす可能性がもっとも高いのは火山の噴火である。1783年から1784年にアイスランドで噴火したラキ山ほど、それがはっきりと表れた事象はない。専門家によれば、その噴火は人類史上もっとも多くの死者を出した自然災害である。総死者数は数百万人、破壊は地球全体におよんだ。多くの人にとって幸いなことに、火山はいくつかの特定の場所にしか存在しない。にもかかわらず、なぜ、北大西洋の隅にあり、平均して3〜5年に一度噴火が起きる、人口わずか5万人の島国で起きた火山の噴火が、それほど多

くの死や破壊を招いたのだろう。

答えを理解するためには、この惑星の絶え間なく変化し続ける地形における火山の役割と、プレートの動きについて振り返らなければならない。火山は3つの異なるプレート環境で形成される。ひとつ目は海底にあり、「中央海嶺」として知られるものを形作っている。それらは大きなプレートがたがいに離れていく場所で、地球奥深くのマントルから熱いマグマが出てきてプレート間のすきまを埋めている。マントルのマグマは濃く、そこで生じる岩(玄武岩)は重い。よって、岩はなかば溶けている地球表面のマントルに若干沈み込む。その結果、海底という地球でもっとも低い場所には重い岩石、陸地という高い場所には軽い鉱石が見つかる(なぜこうした火山が海のなかの嶺なのかもそれで説明がつく)。

プリンストン大学の地質学者で海軍予備役の少将でもあったハリー・ヘスは、1960年代のプレート理論革命のなかでも特にすばらしい発見をした。彼は、中央海嶺の火山がまさに新しい海底を作っていることに気づき、それを海洋底拡大と名づけたのである。1912年に地質学者アルフレート・ヴェーゲナーが大陸移動を提言してから何十年ものあいだ、科学者は大陸の動きについてあれこれ推測を立てていた。アフリカと南アメリカの岩石や化石に類似性を認めたヴェーゲナーは、凍った湖を進む砕氷船のように大陸が海洋の地殻をかき分けて、どういうわけかたがいに離れようとしているにちがいないと述べた。しかしながら、大陸の地殻は海洋の地殻よりも軽いばかりか弱い岩石でできているため、大陸の地殻で海洋の地殻を押すのは、あたかもマシュマロでレンガを押そうとしているようなものである。ヘスの鋭さは、大陸は自分で進むドライバーではなく、マントル上を移動するリソスフィア（岩石圏）に運ばれているたんなる乗客だと考えたところにあった。そして彼の主張は海底で発見された証拠に裏づけされた。海底には2億年より古い場所はないのである（それに比べて、大陸で最古の岩石は37億年前のものである）。しかし、そうなると新たな疑問が生じる。もし大陸が新しい地殻形成の結果として移動するのであれば、古い地殻はどうなるのだろう？　海洋地殻がどんどん増えて地球が大きくなったりはしていない。

答えは「沈み込み帯」にある。これはふたつのプレートが衝突して、一方がもう一方の大陸の下へ押し込まれる場所である。そこで年に数センチほどの速度で大陸が溶けて、最終的にリサイクルされる。中央海嶺で形成された岩石は、数百万年から2億年後にまた、地球の下へ沈み込んで再吸収されるのである。

その動きが、火山が形成されるふたつ目の理由である。そうした火山は沈み込み帯の上にある。ヴェスヴィオ山と同じように、沈み込み帯の火山はプレートがゆっくりと地球内部へ押し込まれた結果として生じるものだ。重なったプレートの摩擦が岩石を溶かし、上層のプレートを通って上がってきて、火山となるのである。沈み込み帯の火山は、イタリア以外にも、日本や太平洋北西部にある数多くの火山を含む環太平洋火山帯を構成している。

アイスランド島は例外だ。そこは火山が見られる3つ目の地殻構造の代表である。それはホットスポットだ。地球のマントルには不可解にも特別に熱い場所がいくつかある。当然のことながら、熱いものは上昇する。そこでマグマの柱は、上に何があろうと、地球の奥深くから上がってくる。ハワイ、イエローストーン、ガラパゴス、レユニオン島、そしてアイスランドはとりわけよく知られているホットスポット火山である。特にアイスランドはマグマの柱が中央海嶺と同じ場所にあるという点でほかに例を見ない。

わたしたちがアイスランドと呼ぶ島が存在するのは、ホットスポットが原因で、海のなかにある大西洋中央海嶺のほかの部分と比べて、著しく大量のマグマが地表へ向かったためである。アイスランド最古の岩石は1350万年前のもので、ほとんどの海底より新しい。テネシー州と同じくらいの大きさのその国は隅から隅までが火山の噴火によって作られている。数十の副峰があるものの、本質的には、国全体がきわめて大きなひとつの活火山だと言ってよいだろう。

＊

大西洋のなかほどに形成されたアイスランドは、ほかの大陸地域と地続きになったことが一度もない。およそ1万2000年前の最後の氷河期末期に極地の氷が溶けたとき、アイスランドは原始のままの無人島として姿を現した。鳥、植物、海獣が多く生息していて、人間が定住する前のアイスランドにいた陸上哺乳動物はホッキョクギツネだけだった。アイスランドを発見した最初の人間はおそらくアイルランドの修道士である。アイスランドの伝説では、6世紀に北大西洋を航行していた航海者聖ブレンダンがある島にたどり着き、それをトゥーレと名づけた。[1] そこでは腐敗臭のする岩が彼と仲間の修道士に降り注いだという。9世紀半ばにノルウェーのヴァイキングがアイスランドにやってきたとき、キルキュバイヤル、つまり「教会農場」と呼ばれる南東部沿岸の広い谷でアイルランド人の隠遁者《いんとんしゃ》が発見された。

アイスランドに入植した最初のスカンディナヴィア人はふたりの男性とその家族だった。インゴルヴル・アルナルソンとヒョルレイヴル・フロズマルソンは、片方が殺された場合はもう片方が復讐をするというヴァイキングの習慣によって、たがいに忠誠を誓った血盟だった。彼らの入植物語は数百年後に書かれた『植民の書』に記録されている。同書はアイスランドという国の起源を著したものであり、自分たちはだれかということを教えてくれる物語である。

その書によれば、インゴルヴルは故国から、家系にまつわる話が木に刻まれている「上座柱」を持ってきた。アイスランドに近づくと、彼は伝統にしたがってその柱を船から投げ、柱が流れ着いた海岸を入植地にすると誓った。そうやって自分が住むべき場所を神々に仰いだのである。ヒョルレイヴルはそのような迷信にはこだわらなかった。彼は最初に見つけた手ごろな入り江に入った。

インゴルヴルの柱は湯気の立つ温泉にはさまれた湾に流れ着いた。彼はその地を煙の湾を意味するレイキャヴィクと名づけた。一方、ヒョルレイヴルは南部の海岸、かつてアイルランド人修道士が築いたキルキュバイヤル付近に入植した。農場の設営がうまくいかなかったヒョルレイヴルはアイルランド人の奴隷を容赦なく働かせたあげく、反乱を起こされて、殺されてしまった。事件を知ったインゴルヴルは、奴隷を処刑して血盟の復讐を果たした。彼はヒョルレイヴルの哀れな死を嘆いたものの、民族に伝わる儀式を無視したのだから報いを受けて当然だと思った。

アイスランドへの入植は874年から930年まで、数十年かけて完了した。およそ1万人のノルウェー人とそのケルト民族の奴隷が移り住んだ。当時は国王ハーラル1世が族長への支配を強めようとして

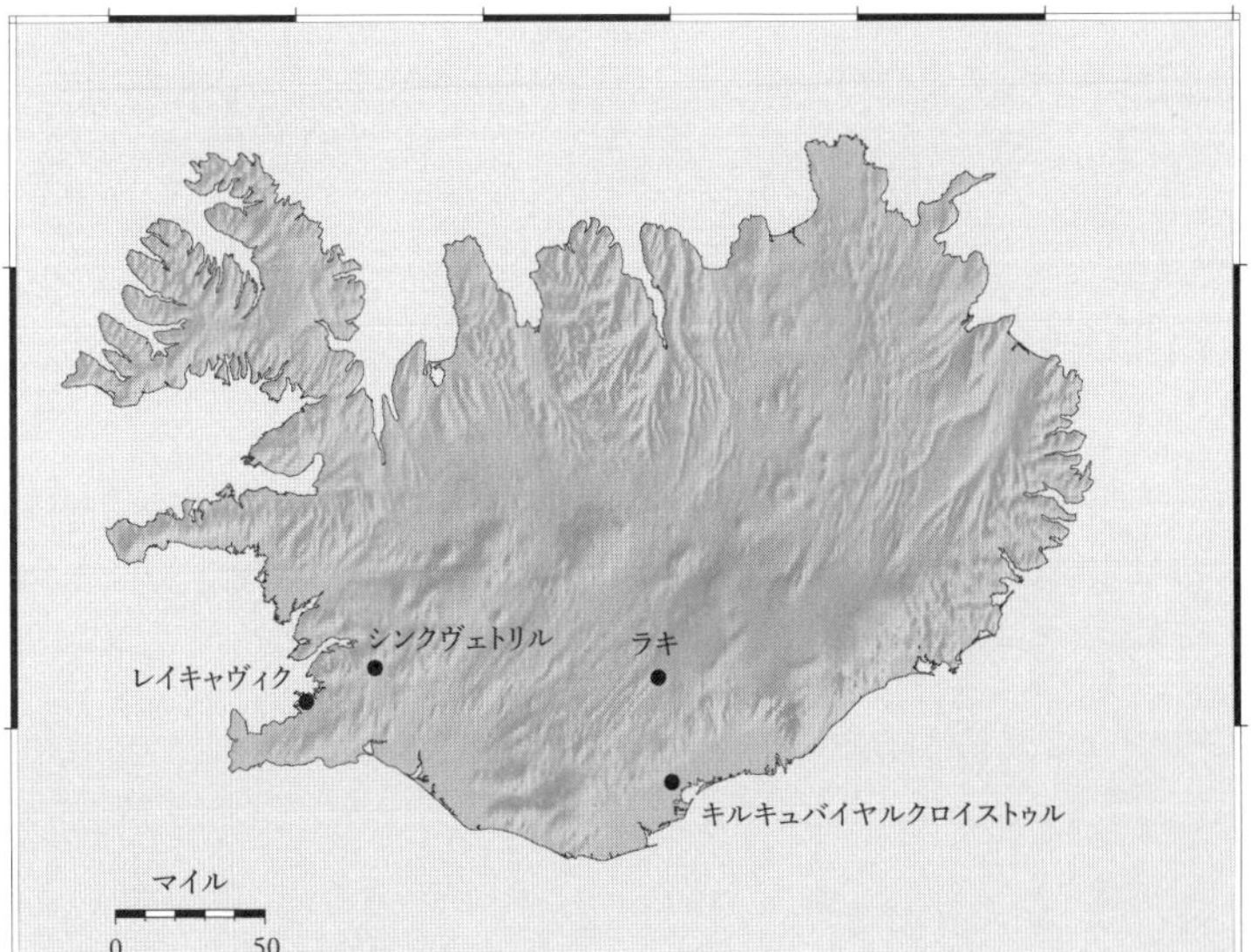


アイスランドの地図とラキ山のクレーター

いた時代で、ノルウェーは混乱のさなかにあった。それまで国王はどちらかと言えば「同輩中の首席」のようなものだと考えられていたにもかかわらず、ハーラル1世は周辺にあるいくつもの小さな王国を征服し、同輩の族長から税を取り立てた。その一方で、ノルウェーの人口は急増し、利用できる土地が不足していた。そこで、開けた大地があり（先住民がいない）新しい場所は、ノルウェーから離れているにもかかわらず――いや、むしろ国王から遠く離れていたために――人々の関心を集めた。

アイスランドの最初の入植者の多くは国王ハーラル1世が新たに課した税に反対していたため、そこで生まれた文化は当時としては驚くほど平等主義で、地域の有力者と農民という区別はあっても王はいなかった。「神」という言葉に基づき、古代ノルド語で「ゴジ」と呼ばれた地域の首長は、政治家と聖職者の役割を兼ねていた。都市はおろか、村さえなかった。人々は各地の農場でばらばらに暮らしており、年に一度、世界初の国会である全島集会《アルシング》に集まった。

最初に「腐敗臭のする岩」が聖ブレンダンの頭上に落ちてきたとき以来、火山の噴火は危険とはいえ、アイスランドとその文化の一部となってきた。農場が溶岩に覆われることもあった。近くにある氷河の下で噴火が起これば、それが突然溶け出して大洪水になることもあった。けれども、多くの破壊をもたらすその同じ力はまた、その地の暮らしに欠かせない重要な熱源をもたらした。最初にアイスランドにたどり着いたヴァイキングは植林を行った。けれども、アイスランドの夏は非常に短く木々の成長が遅いうえ、ノルウェーからヴァイキングの長い帆船に乗せられてきた羊が若木を食べてしまったため、数百年も経たないうちに島から森林がほぼ完全に消え失せて、島民は燃料に使う木がなかった。そこで、家屋のほとんどは意図的に、火山によって形成された温泉の近くに建てられた。そうすれば蒸気で家を温めることができる。今日においてさえ、アイスランドの経済は、地熱発電所から引き出される事実上無限のエネルギーに支えられている。アイスランド人は祖国を「火と氷の国」と呼ぶ。

火山はまた、アイスランド人がシンクヴェトリル、すなわち「国会平野」と呼ぶ地形も作った。緑に覆われたシンクヴェトリルは垂直な玄武岩の崖に囲まれている（地質学用語では平行する断層に囲まれた谷、「地溝」と呼ばれる）。この自然が作った円形劇場で、法務官（アルシングに持ち込まれた論争に判決を下す法律家）が集まった人々に話をし、人々がそれに耳を傾けた。930年から1798年まで、毎年真夏にこの場所で開催されたアルシングは、アイスランドの独立性と平等主義を示す誇らしいシンボルである。

インゴルヴルの上座柱を用いたレイキャヴィクの発見と同じように、シンクヴェトリルで毎年開かれたアルシングはアイスランド人のアイデンティティにとって欠かせない物語である。それはまた、アイスランド人の実利をとる側面を映し出してもいる。10世紀の終わりごろ、アイスランドは古ノルド宗教の信者とキリスト教への改宗者の衝突に悩まされていた。その一因は政治と宗教を担う「首長《ゴジ》」の役割にあった。1000年の夏、アルシングでキリスト教国家になるべきかどうかが議論されたときに、その論争が頂点に達した。論争の途中で馬に乗った使者がやってきて、近くで火山の噴火が始まっていると集会の参加者に告げた。幾人かが、大地の神々が自分たちの論争に動揺している、これはキリスト教を拒絶すべき明らかなしるしだと叫んだ。その年の法務官だったゴジのスノッリは答えた。「われわれの足元で噴火したというのに、どうして神々がうろたえるのかね？」笑いが鎮まると、参加者はキリスト教に賛成票を投じた。*

＊

それから数世紀のあいだに繰り返された噴火は、人々の命を奪い、家畜に害を与えた。14世紀から16世紀には小氷河期と疫病の出現が重なって、アイスランドは飢餓の一歩手前の状態に陥り、最初はノルウェー、のちに手を結んだデンマークの国王から送られるわずかな援助に頼っていた。しかしながら、その期間に全滅したグリーンランドの入植者とは対照的に、アイスランド人は逆境に耐えうる強いコミュニティを作って生き残った。18世紀の半ばまでにアイスランドの人口は5万人に増えたが、彼らは依然として点在する農場で暮らし、村落はほとんどなかった。キリスト教へ改宗したため教会がアイスランドの生活に入り込んでいたが、教会は牧師とその家族が耕作する農場に置かれていた。

＊ この話は数世紀後に書かれたアイスランド伝説に記されている民間伝承である。これが書かれるころまでには、アイスランド人は数多くの噴火と、溶岩が凝固して岩盤になる状況を経験しており、その関連性についてはよく知っていた。これはおそらく記録に残るなかで、ヨーロッパ人が神の裁きという見解を笑い飛ばした最初の例ではないだろうか。

ヒョルレイヴルが上陸して最期を遂げたキルキュバイヤルの古いアイルランド人入植地は、中世に入ってからの200年間は修道院だった。そこで、「教会農場」を意味する以前の名称に修道院のcloisterがつけくわえられて、キルキュバイヤルクロイストゥルという名になった。同地は豊かに栄えた入植地で、みなから慕われていた牧師、ヨン・ステイングリムソンが聖務を行っていた。

1783年6月8日、五旬節の朝、ヨン牧師が聖霊降臨の説教を用意して馬で教会へ向かっていたとき、北の方角に巨大な黒い雲が立ち上るのが見えた。数分も経たないうちに、辺りは闇に覆われ、火山灰が降り始めた。ヨンは思った。いつものように神の忍耐が切れたのだ。苦難の時間がやってきた。

ヨン・ステイングリムソンはアイスランドの英雄であり、その物語は学校で教えられている。アイスランド人を全滅ぎりぎりまで追い込んだ災害を前に、彼は勇気と冷静さの手本となった。彼はまた、迷信を好むアイスランド人の姿と、ゴジのスノッリがほぼ800年前に示したのと同じ懐疑的な態度の両方を併せ持っていた。残された詳細な日誌には、未来の不吉な前兆とおぼしき夢についての記述がある。ラキ山の噴火は、アイスランド人の罪に対する神の罰だと彼は考えていた。その一方で、日誌には噴火やその他の火山現象の詳細も記録されており、現代の火山学者にとって貴重な一次資料となっている。

災害時の対応と復旧に関心がある人ならだれでもその日誌を読むべきだろう。それより前のリスボン地震の記録同様、災害は自然現象から始まるということがそこに示されている。その事象が起きている最中は、被害が発生し、人の命が奪われ、犠牲者を助ける英雄が生まれる。しかし、いっそう困難な時期はその事象が過ぎ去ってからやってくる。それは勇気と根気と指導力が求められる復旧と再建だ。ヨンはどちらの時期にもすぐれた能力を発揮し、災害時に何が求められるのか、ひとりの人間の力でどれほど状況が変わるのかを身をもって示した。

聖霊降臨祭の朝に始まった噴火は8か月もの長いあいだ続いた。噴出した厚さ15メートルほどの溶岩が1500平方キロメートルを超える広さを覆い尽くした。その面積はロードアイランド州の半分以上にあたり、アイスランドの総面積の6分の1を占めた。ほとんどの溶岩は最初の45日間に吹き出し、春の洪水のような速さで流れたと記されている。10か所の割れ目で連続して噴火が起き、それぞれがみな次のようなパターンをたどった。まず、数日から数週間にわたって地震が繰り返し発生する。それから割れ目ができて、地中に自然に存在する水路を通って溶岩が上昇する。次に、その溶岩と水が反応して爆発的な噴火を起こす。そして、それぞれの割れ目で噴火が進むうちに、やがて地下水が蒸発してしまい、溶岩が地表を流れるようになる。

結果として、爆発と溶岩の流出が繰り返し交互に発生した。その後8か月で、ラキ山は、過去30年噴火が続いているハワイのキラウェア山の3倍の溶岩を吐き出した。

ヨンは初期の噴火について、その迫りくる溶岩のようすと、大地そのものが裂けているかのような光景を日誌に書き残している。

この1週間、そしてその前の2週間、言葉では言い表せないほどの毒が空から降ってきた。火山灰、火山毛、硫黄と硝石を大量に含んだ雨、それらがすべて砂と混ざり合っていた。草を食《は》み、草の上を歩く家畜の鼻、鼻腔、足は、明るい黄色に変色して焼けただれた。水はどれも生ぬるく、水色に変わって、砂利で覆われた丘の斜面は灰色になった。火の勢いが増して居住地に近づくにつれて、大地の植物はみな次々に燃え、枯れて、灰色になった。[2]

被害状況にくわえて、彼は信者の心と医療の支援についても記録している(彼は当時医術として知られていたものを独学していた)。ヨンは絶え間なく教区内を馬で駆け回り、教区民の健康に気を配った。そうするあいだも溶岩は流れ続け、もう少しでキルキュバイヤルクロイストゥルとヨンの教会に達するところまで迫ってきた。

7月20日、教会で礼拝ができるのはこれが最後だろうと考えたヨンは、信者を集めた。すでに溶岩は教会からいちばん近い河谷を流れてきていた。終わりは近いように見えた。教区民の多くは農場を失い、一部は溶岩から放出されるガスで命を落としていた。溶岩が迫ってきたら逃げられるように、教会のドアを開けておいてほしいと頼む信者もいた。

ヨンは、その日以降「火の礼拝」(エルドマッサン)として人々の心に残る説教をした。その説教についてヨン自身は日誌に詳しく記しておらず、内容を簡単に説明しているだけである。わかっているのは冒頭で信者全員にこう求めたことだ。「正しい心で神に祈りなさい。そうすれば、恵みにあふれた神はわたしたちを急いで滅ぼそうとは思わないでしょう[3]」。彼は、どんなに状況が悪化しても神はそれより強いと心に刻むよう信者を諭した。自分たちのなすべきことは与えられた苦難に辛抱強く耐え、神の慈悲を信じることだ。

それ以外に彼が語った内容は歴史のなかに埋もれてしまった。けれどもその説教は彼の偉業をことさら輝かせることになった。礼拝が終わって教区民が外に出ると、溶岩の流れが教会を飲み込む寸前のところで止まっていたのである（現代の調査によれば、十分な水量のある川に流れ込んだ溶岩が、川の水がすべて蒸発してしまう前に固まって自然なダムを作り、そのダムが残りの溶岩の流れを変えて教会から遠ざけた）。ヨンは奇跡の人と賞賛され、のちの世代には「火の牧師」として知られるようになった。

だが、脅威はまだ少しも収まっていなかった。溶岩はそれからさらに6か月のあいだ流れ続けた。のちにほかの谷にも広がって、それまでもっとも豊かな農業地域だった南東部のほとんどに被害がおよんだ。1784年に入ってようやく溶岩の流れが止まったが、安堵したのもつかのまで、その後も有毒ガスが大きな被害をもたらし続けた。「霧の苦難」、モジハルジニンと呼ばれるそれは、国をほとんど壊滅状態にした。家畜の6割が死んだ。主要な食肉だった羊では8割だった。国の人口の5分の1を超える1万人が、ガスとそれが原因の飢餓によって死亡した。

＊

ラキ山が放出した物質のなかでも、フッ化水素と二酸化硫黄のふたつのガスは大量に噴出した。フッ素は歯や骨を発達させる効果を持つ物質で、少量なら人に利益をもたらす。フッ化水素が分解されるとフッ素になるが、フッ素はきわめて水に溶けやすいため、雨で溶けて火山灰の粒子を覆う（現在でも、アイスランドの農家は水を入れた容器を外に出しておき、遠い場所の噴火からと思われる灰がそこに入っていれば、動物を建物内に入れてフッ素から守る）[4]。そうしてフッ素は水源に運ばれ、植物に吸い上げられる。

ラキ山の噴火では、800万トンものフッ化水素がアイスランド国内に降り注いだ。これだけ大量になると、フッ素は体に害をおよぼし、骨を変形させて歯を壊す。ヨンは、動物の蹄《ひづめ》が下から腐っていったようすを日誌に記している。食べるものがなくて汚染された肉を食べた人もおり、多くはそれが原因で死亡した。農業や家畜が支えだった人々に比べれば、沿岸部で海洋漁業に頼っていた住民のほうがまだましだった。フッ素は牧草や淡水の流れにいる魚を汚染したが、外洋の魚にまで害はおよんでいなかった。それから2年のあいだ、状況は悪化の一途をたどった。当時はデンマークの植民地だったとはいえ、アイスランドに組織化された行政府はほとんどなく、必要な人に食料を供給するための、国を挙げての取り組みはいっさい行われていなかった。

ヨン牧師は自分の信徒を救うために奔走した。レイキャヴィクに赴いて地域のために支援を求め、デンマークの使節から金を受け取った。もっともそのほとんどは彼が地元に戻るまでに盗まれてしまったという。彼は教区民の面倒を見続けた。農場を訪れ、薬を作り、被害と飢餓の状況を記録に残したが、次第に、助けられなかった人々を葬ることが多くなった。

ヨンは、何もかもひとりでやらなければならなくなってもなお、すべての人がキリスト教式に埋葬されるよう手を尽くした。まだ十分に働ける馬を持っていたのは彼だけだった。ときには週に5回、あるいは10回も遺体を教会墓地まで運ばなくてはならなかった。彼は死を残らず日誌に記録した。自分の愛する妻ソルンが31歳の若さで死んで日誌の統計のひとつになったときには、心が折れそうになった。ランプの燃料もなく、凍えるような寒さで手や足が腫れ、ひとりきりになって、彼は自殺の誘惑について書き残している。

2年後、1785年の秋、これ以上生きていくことは不可能だと思われたとき、何とかして食料を調達できないかと、ヨンは最後にもう一度だけ海岸線に向かおうと呼びかけた。男性ひとりと少年ふたりが先に状況を調べにいった。彼らに追いついた残りの集団は目を見張った。先遣隊は、持ち帰るために馬が150頭も必要なほど、たくさんのアザラシを仕留めていたのである。それはまさに天からの贈りものだった。おかげで地域の人々は冬を乗り越え、普通の暮らしに戻り始めることができた。

最大の被害を受けたのはヨンの地域を含む南東部の農地だったとはいえ、これは国の危機だった。デンマーク政府は状況を確認するための使者を送るのにさえ1年かかったうえ、支援は最低限だった。多くの農地が溶岩に覆われ、さらに多くの農地が有毒ガスに汚染されたため、国民の大部分は代々暮らしてきた家を離れて、汚染されていない土地を探さなければならなくなった。アイスランドは行き場のない難民の国と化した。

そこに大惨事を定義する要素を見ることができる。国の半分が、農地と生きていくために最低限必要な手段を失うほど被害の程度が大きいと、人間社会そのものが脅かされるのである。国中で人々が大移動すれば行政と教会のほとんどの機能が麻痺する。多くの場所で洗礼や葬儀の記録が失われた(もしかすると全員が死亡して記録が残らなかったのかもしれない)。アイスランド社会にはそれ以外にも「霧の苦難」に起因する変化が起きた。たとえば、ヴィキヴァキと呼ばれる長く伝わっていた伝統的なダンスは、このころに途絶えた。アイスランドの著名な歴史学者グンナル・カルルソンは、国中が大きなショックを受けて、人々が踊る気になれなかったためだと考えている。

破壊が事後に人間社会にもたらす経済社会的な影響は、災害の物理的被害より大きいことがある。社会が生き残るためには、いかに迅速に災害から復旧して、地域経済を再稼働できるかどうかがもっとも重要だ。集団が行き場を失ったか、あるいは消滅してしまったために、アイスランドの社会は完全に崩壊するおそれがあった。食料を配り、医療支援を行い、希望を与えたヨン・ステイングリムソンのような人々の努力があったからこそ、国は存続できたのである。

リスボンのデ・カルヴァーリョと同じように、ヨン・ステイングリムソンは、災害からの復興過程で社会が生き残るためになくてはならない人だった。けれども、人々の記憶に残っている彼の姿はそれではない。人は危機に瀕すると英雄を求めずにはいられない。青天の霹靂ともいうべき偶然の事象に対する不安がその思いを増幅する。たとえ国の復興に向けた取り組みのほうが大きな影響を与えたのだとしても、ヨンは何より、溶岩の流れさえをも止める説教を行った「火の牧師」として人々の心に刻まれている。

＊

ラキ山はフッ素にくわえて大量の二酸化硫黄を放出した。二酸化硫黄は重い化合物で、水の2倍を超える密度がある。したがって、それを大気中に高く押し上げるためには多くのエネルギーが必要だ。ラキ山の噴火がそれほど爆発的ではなかった時期には、二酸化硫黄はアイスランドに降り注ぎ、葉に焼け焦げの穴を開け、作物にさらなる損害を与えた。けれども、噴火の威力が十分に大きいことがたびたびあり、二酸化硫黄の大部分が成層圏に到達して、ヨーロッパをはじめとする世界各地に運ばれた。

ラキ山噴火の被害範囲を全世界に広げたのは、まさにこの大気圏上層部と成層圏へのガスの放出だった。ヨーロッパの被害はたいそう大きく、１７８３年は「驚異の年」、アンヌス・ミラビリスと呼ばれた。噴火から2日後の6月10日、二酸化硫黄、硫酸塩、そして火山灰の霧がまずアイスランドとノルウェーの中間にあるフェロー諸島に出現した。それは6月14日にフランスに到達し、月末までにヨーロッパ各地に移動した。霧は夏を通して消えることがなく、何週間、場所によっては何か月ものあいだ、新聞で煙霧が報じられた。秋になるまでには、イギリスとフランスの多くの新聞で、各地の人々が焼けるような喉の痛みと呼吸困難を主症状とする不可解な病に倒れていると伝えられた。多くの農場労働者が倒れ、作物の収穫が難しくなった。イギリスのその夏の死者数を別の年と比較すると、ラキ山の噴火によって同国だけで2万3000人が死亡したことになる。

アレクサンドラ・ウィッツェとジェフ・カニぺは共著『火の国［*Island on Fire*］』で、ヨーロッパで発生した広範囲な汚染と異常気象について、当時の資料を引用して次のように述べている。「あまりにも大勢の人々が体を壊したため、国内の農場主は作物の取り入れが困難になった。毎日のように労働者が動けなくなって畑から運び出され、多くが死亡した[5]」

それだけでも問題だが、成層圏にとどまった硫黄はさらなる被害をもたらした。硫黄がそこで酸化して硫酸になり、濃縮されて硫酸エアロゾルとなったのである。大気圏の低い場所ならば、硫酸は比較的短時間のうちに雨で大気から洗い落とされる。けれどもおもな気候系よりも高いところにある成層圏では空気が非常に乾燥しており、何年ものあいだ粒子が漂って世界中に運ばれることがある。そうした硫酸の粒子は地球に届く太陽光の拡散に最適な大きさであるため、太陽光の一部が宇宙に跳ね返され、結果として地上の気温が下がる。大量の硫黄を成層圏へ送り込む火山の噴火は、地球の気温に大きな影響を与えうる。1991年に噴火したピナツボ山は世界の気温をおよそ0・8度下げ、その影響は3年後もまだ残っていた。ラキ山についてそのような正確な計算はできないが、ピナツボ山の6倍もの二酸化硫黄を噴出し、ピナツボ山より高い割合が成層圏に届いたことがわかっている。

その年の冬は並はずれて気温が低く、寒さと飢えがさらなる死を招いた。新聞によれば、ロンドンからウィーンまでの各地で、人々が街路や家々で雪に埋もれて凍死した。主要な河川が凍結して輸送機関が麻痺し、春には大洪水になった。フランス王妃マリー・アントワネットが、雪に覆われた道はソリが走りやすくてよいと述べたと伝えられると、影響は政治にまでおよんだ。騒ぎが大きくなりすぎて、夫である国王は混乱を鎮めるために、洪水の被災者に巨額を寄付せざるをえなくなった。ヨーロッパでは、翌年の夏も状況はほとんど改善しなかった。低温状態が続いて作物が育たず、大陸のほとんどで飢饉が起きた。フランスの飢饉は、のちにフランス革命につながった社会的混乱の大きな要因となった。

被害はそれだけにとどまらなかった。熱帯地方の多くに恵みの雨をもたらすモンスーンは、夏の太陽で温められた陸地と冷たい海の温度差で発生する。ところが太陽光が遮られたために陸地の温度が下がり、モンスーンの活動が弱まった。エジプトでは、モンスーンがこなかったためにナイル川が例年のように氾濫せず、広範囲に干魃が起きて飢饉になった。同国は360万人の国民の6分の1を失った。また、インドの大飢饉では1100万人、日本では100万人以上が死亡した（インドと日本の飢饉はいずれも、おそらく強いエルニーニョ現象の影響も受けていたと考えられるため、ラキ山だけが原因だったとは言えない）。

これらを合わせると１００万人超、あるいはそれよりずっと多くの人々がラキ山の噴火で死亡したことになる。アイスランドでは国民の4分の1に近い1万人を超える人が死亡、大多数が家と生きる手段を失った。10万人もが有毒ガスにさらされて命を落とした可能性がある。さらに10万人以上が寒さと、洪水と、飢えで死んだ。何百万人もが噴火で悪化した飢饉でこの世を去った。被害の全容は計り知れない。

*

危険な自然現象のなかでは珍しく、火山の噴火は成層圏を構成する物質に作用するため、地球全体に影響がおよぶことがある。危険な自然現象はみな地表に害を与える――そのため、そこで暮らすわたしたちにとって脅威となる。気象に関わる自然現象は大気圏の低い層で発生する。それが移動するうちに、数百から数千キロの地域に影響が広がることもある。けれども、その影響は自然に衰退し、嵐の雨と風は大気中の汚染物質を除去する役目も果たす。それに対して大気圏のうち地表から約13～19キロ離れた成層圏は、宇宙の放射線から地球を守り、世界の気候系をひとつにまとめている。

噴火の多くは局地的である。水中で噴火する中央海嶺の火山は大気には何ら影響をおよぼさない。ハワイで30年以上も続いているキラウェア山のような爆発しない噴火では、放出されるガスは地表付近にとどまる。また、たとえ爆発するような噴火が起きても影響は限定的だ。

ほとんどの噴火で量的にもっとも一般的なふたつのガスは、すでに地球の大気中に含まれているありふれた水蒸気と二酸化炭素である。また、たとえ爆発的な噴火であっても、成層圏まで大量の物質を運ぶほど勢いがあることはめったにない。その点、アイスランドの火山は有利である。大気圏低層域の大気の厚みは赤道付近でもっとも大きく、極地は小さい。ピナツボ山が成層圏まで物質を届かせるためには高さ約19キロまで吹き上げなければならないが、アイスランドでは約13キロで成層圏に到達する。したがって、アイスランドの火山は世界中に影響を与え続ける可能性が高い。

しかしながら、火山の噴火による異常気象は一時的な現象だ。たいていは数週間から数か月のあいだだけ大気圏にガスを噴射して収束することがほとんどである。また、ガスの大部分は空気より重く、空中でほかの要素と化学反応を起こして雨とともに大気から取り除かれる。自然な大気の循環によって、ガスは数年ほどで除去され、それとともに気候への影響も消滅する。

人間が大気中に放出するガスも同様に地球の気候に影響を与えている。成層圏の硫酸が太陽光を遮り、その結果として地球の温度を下げるのとは逆に、大気圏の低い部分にある二酸化炭素とメタンは赤外線（つまり熱）の放射を遮るため、地球が温まる。これらのガスは軽く、火山ガスのように降水として大気から除去されない。しかも、現在わたしたちは化石燃料を燃やして二酸化炭素を次々に大気中に放出し続けている。一時的な現象ではないのだ。ラキ山がもたらした世界的な被害は、ひとつの噴火の影響だけでなく、世界が共有している大気圏が汚染されたらどうなるかを思い知らせるかのような光景を描き出している。

第4章

# 記憶に残らないこと

## アメリカ、カリフォルニア州、1861～62年

これほどの打撃を受けてしまっては、街はもうもとには戻れないだろう。
そんなことができるとはとうてい思えない。
――ウィリアム・ブルーワー、1862年3月

地球科学者でもあるわたしは地質学的な時間の尺度に慣れている。まったく皮肉を込めずに、過去1万年を「最近」として語ることができる。みなが地球の揺るぎない土台だと考えている山々に、浸食が大地を削るよりも断層が山を押し上げるスピードのほうが早いという動きを見出す。この見地に立つと、氾濫原や火山のそば、あるいは活断層にまたがって築かれている都市に驚かずにはいられない。そこに都市があることに驚愕するのではない。すでに述べたように、そうした土地には利点があるからだ。わたしを悩ませるのは、都市の居住者が危険を認識しておらず、何の対策もとっていないことである。地質学者の耳には「次の1000年のあいだのいつか」は

逃れることのできるものごとではなく、脅威に聞こえる。

　けれども、ほとんどの人にとって未来は依然として抽象的な概念である。人間は過去の災害を忘れる、あるいは最小限の影響しか考えないという特異な能力を持っている。カリフォルニア州民に、およそ170年にわたる州の歴史における最大の自然災害は何かと尋ねてみるとよい。移住してまもない人は、おそらくサンフランシスコ（1989年のロマプリータ）とロサンゼルス（1994年のノースリッジ）で発生した最近の地震を挙げるだろう。代々カリフォルニアで暮らしてきた家系なら、ノースリッジの50倍ものエネルギーが放出された1906年のサンフランシスコ地震を思い浮かべるかもしれない。

　しかし、カリフォルニア史上最大の破壊をもたらした事象は、じつは洪水である。1861～62年の冬、アメリカ西部で降った雨はカリフォルニア州、オレゴン州、ネヴァダ州で史上最悪の洪水を起こした。当時の人口の1パーセントを超える数千人が死亡し、州が破産した。およそ480キロに広がる農業の中心地、カリフォルニアのセントラル・ヴァレーは約9メートルの高さまで水に浸かった。それにもかかわらず、ほとんどのカリフォルニア州民はその話を聞いたことがない。

　わたしはカリフォルニア州南部の4世代目として育った。そのわたしですら、アメリカ地質調査所で将来カリフォルニアに発生しうる大災害のモデルを作り始めるまで、大洪水の話を聞いたことがなかった。地震の調査にくわえて、わたしのチームは、サンアンドレアス地震と同様に

100年か200年に一度という頻度で起きる洪水のモデルも作成しようと考えた。30年や50年に一度発生する事象の影響をモデル化する意味はない。正確なデータはもちろんのこと、実際に体験した人々の記録があるからだ。何が起きるかを科学者に教えてもらう必要などない。わたしは同僚の水文《すいもん》学者に、知っているなかで最大の嵐は何かと尋ねた。その答えに、わたしは自分の耳を疑った。

*

カリフォルニアは16世紀にスペインの支配下に置かれ、当時流行していたスペインの小説に出てくる架空の島でアマゾネスの女王が率いる遠方の豊かな場所、カリフィアにちなんで名づけられた。灌漑《かんがい》システムが整う前の初期のカリフォルニアは実り多き土地ではなかった。雨は年に3〜4か月しか降らず、長く乾いた夏が続くため、作物はほとんど育たなかった。革命によってスペインからメキシコ帝国の手に渡った1821年までに、入植したヨーロッパ人はわずか数千人だった。税という点でほとんど貢献しなかったカリフォルニアは、メキシコ政府からはもっぱら無視されていた。「カリフォルニオ」(最初の入植者の子孫でスペイン語を話す人々)の大部分は州の南部に住んでいたため、英語を話す開拓移民は抵抗されることなく北部に入った。1848年の米墨戦争でカリフォルニアがアメリカ領になったときには、8000人に満たない白人のヒスパニック系居住者とおよそ5万人のアメリカ先住民しかいなかった。[1]

ところが1848年にサクラメント近郊で金が発見されたとたん、状況は一変した。うわさはすぐに広まり、1849年には開拓民が一気にカリフォルニアに押し寄せた。この移民の波（49年組）をまとめようとにわかに政治指導力が発揮された結果、1850年には早々に州としての地位が与えられた。その年に実施された最初の国勢調査では、人口は9万人に若干届かないくらいだったが、1860年には40万人を超えるほどまで急増した。往々にして、一獲千金の夢はかなわなかった。安定した成功への道はむしろ、坑夫が必要なものを供給する仕事にあった。

ゴールドラッシュ前の主要産業は、牧場経営と、東海岸へ荷を運ぶ船主向けの革や獣

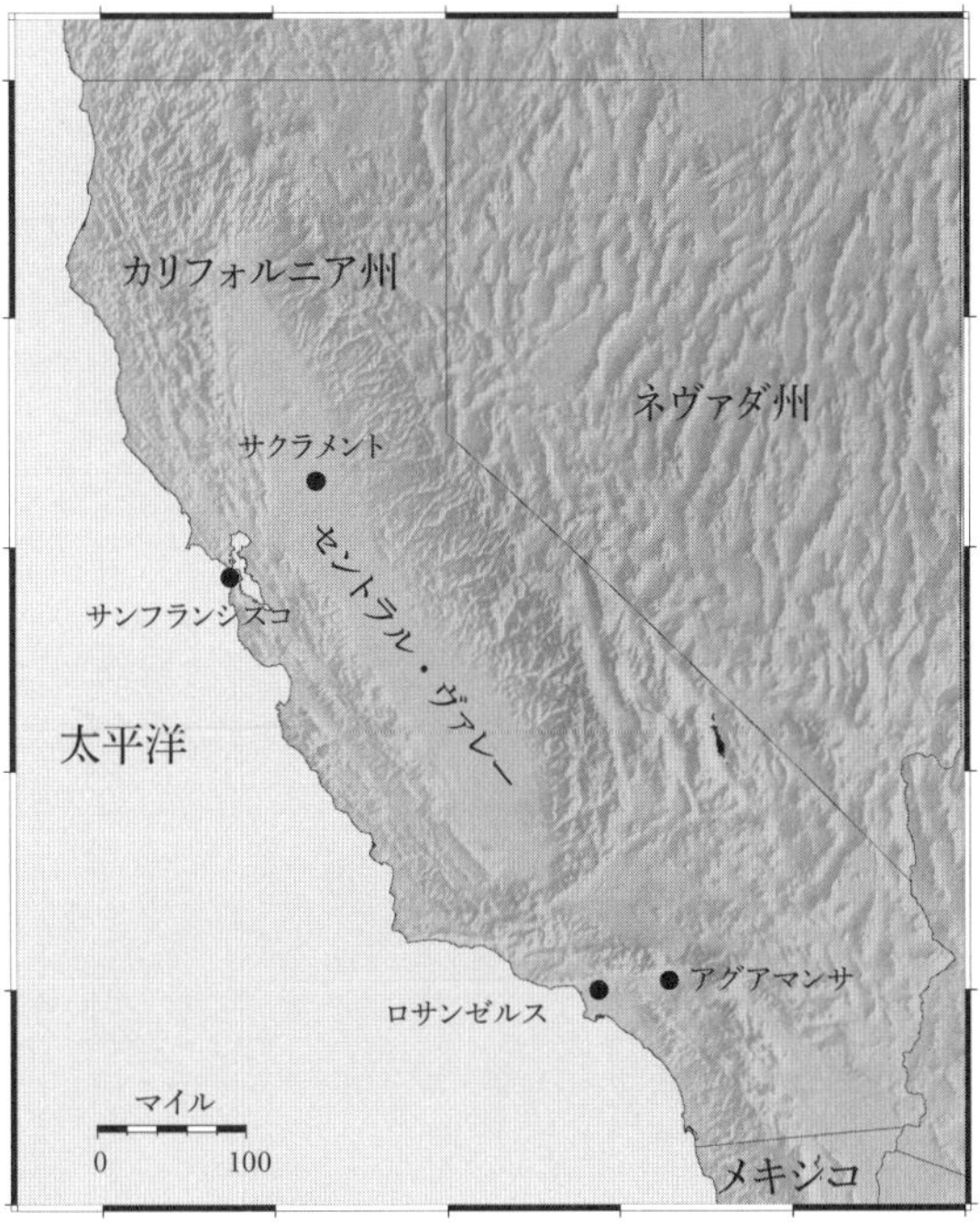


カリフォルニア州の地図

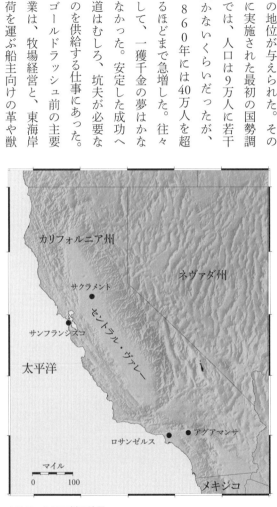

脂の販売だった。けれども新しい居住者が大量に流入すると、北部では農場、小売店、軽工業、また酒場、賭博場、売春宿が急速に発展した。金がサンフランシスコ湾の港から船積みされたため、サンフランシスコはまたたくまに州最大の都市になった。新しい州の州都はいくつかの場所を経由したのち、ゴールドラッシュの活動の中心地だったサクラメントに落ち着いた。サクラメントを見下ろすシエラネヴァダ山脈の麓とサンフランシスコにはさまれた地域に、カリフォルニア州の人口の5分の4が暮らしていた。カリフォルニア州南部では依然としてカリフォルニオと牧場が優位を占め、夏にまとまった雨が降らないことから農業は大河川付近の地域にかぎられていた。

1861年までにゴールドラッシュの浮き足立った日々は過去のものとなり、州はインフラを整えていった。州議会は州の資源を分類してまとめるためにカリフォルニア地質調査所を設立し、州の地質学者としてジョサイア・ホイットニーを迎え入れた。当時政治を動かしていたのはゴールドラッシュで利益を得た人々で、彼らとしては何としてもそのまま好景気を続けたかった。そこで彼らは、それまでいくつもの地質調査に参加していたホイットニーに新たな宝を見つける手助けを期待したのである。

一方、ホイットニーは自分の新しい役割についてやや異なる見解を持っていた。政治的な現実が呆れるほど見えていなかった彼は、まだ解明されていない科学的な宝の発見に乗り出した。3年間の調査ののちにホイットニーが発表したふたつの文献は、古生物学、植物相、動物相に関するものだった。州議会が彼の予算を削減すると、[2]彼は、州議会は汚職にまみれ、無関心で愚かで、悪意を持った田舎者だと切り返した。州議会が調査への資金提供を打ち切ったときにはもう、本人以外はだれも驚かなかった。ホイットニーが思い描いていた調査のほとんどは達成されなかったが、最終的にはいくつかすぐれた記録が発表された。

だが、彼はそれ以外にもうひとつ隠された宝を残した。ホイットニーのチームにいたウィリアム・ブルーワーという名の若い植物学者が、州の調査時に詳しい日誌をつけていたのである。その日誌から、1861～62年のたぐいまれな冬について多くのことがわかる。

＊

カリフォルニア州沿岸部は典型的な地中海性気候である。夏は広い亜熱帯の高気圧が北へ張り出して、ほとんど雨が降らない。冬は高気圧が南下して偏西風が吹き込み、それが嵐を運んで低地に雨、シエラネヴァダ山脈に雪を降らせる。雪はのちに解けて水となり、そうでなければ乾燥しすぎて作物が育たないような場所での農業を可能にする。とはいえ、年によっては高気圧が居座り、冬の雨と雪がすぐに止んでしまうことがある。あるいは次々に低気圧が発生して州を横切っていくような風のパターンが生まれる年もある。経済と同じように、カリフォルニアの気候も好天と悪天候が交互に訪れる。1850年代は干魃の傾向があり、多くの人々が流入したにもかかわらず農業は伸び悩んだ。

嵐がカリフォルニアを襲うときは、徹底的に襲う。メキシコ湾と大西洋沿岸に面したアメリカ南部の州をハリケーンが直撃することはだれもが知っている。カトリーナ、ハーヴィー、サンディなど、大きな場合は、ほとんどの人が名前を知っている。カリフォルニアの冬の嵐は大型ハリケーンと同じくらいの雨を降らせるが、名前がないため人の記憶には残りにくい。極端な降水量の目安のひとつは、3日間で400ミリを超える雨が降るかどうかである。アメリカ国内の気象観測所でそれほどの雨量を記録したところはほとんどなく、記録された場所のほとんどはハリケーン州である。そのような降水が2回を超えて記録される場所はめったにない。ただしカリフォルニアは例外だ。シエラネヴァダ山脈の一地点ではそうした極端な降水が7回も観測されている。

最近の調査からは、こうした嵐に関する新たな事

大洪水時のサクラメント。4番通りから見たK通り東。カリフォルニア大学バークレー校バンクロフト図書館カリフォルニア・ヘリテージ・コレクション収蔵の立体写真。

実が判明している。１９９０年代、空気中の水の量を直接計測できる衛星が打ち上げられた。すると、驚くべき姿が明らかになった。大気の川と呼ばれる空中の水蒸気の帯が、熱帯地方から中緯度地方へ水分を運んでいたのである。それはたいてい数千キロの長さだが、幅は数百キロしかない。大気の川がカリフォルニア沿岸にかかると、非常に激しい雨が降る。そうした嵐は通常１日か２日しか続かない。けれども、ときに大気の状態によって雨が降り続き、洪水が引き起こされることがある。

利用可能なかぎられた天気の記録から、科学者は１８６１~62年に何が起きたのかを再現しようとしてきた。当時の状況は、大気の川が発生してそれが北から南へと移動したように見える。１８６１年12月の初めごろ、雨はオレゴン州で降り始め、12月末から１８６２年１月にかけてカリフォルニア州北部に洪水をもたらし、１月末にカリフォルニア州南部を直撃した。土砂降りは45日間続いた。死者は数千人、作物、田畑、家畜、事業が壊滅状態になり、被害は州全体に広がった。

降水量の計測が数か所だけでは、降雨の状況を正確に把握することは難しい。科学者ウィリアム・ブルーワーはそのときの雨に驚愕している。

最初に大雨が降った11月６日から１月18日までで、およそ８３０ミリの雨が降ったにもかかわらず、まだ降り続いている！　それだけではない。シエラの山麓にある鉱山地区では、その2倍、ときに3倍もの雨が降った。トゥオルミ郡ソノラでは、1861年11月11日から1862年1月14日までにおよそ1800ミリの雨が降った。また多くの場所で1500ミリを超えた！　しかも2か月という期間でだ。ニューヨーク州イサカの2年分の雨が、カリフォルニアの一部で2か月のあいだに降ったのである。[3]

カリフォルニア州南部については、使えるデータがさらに乏しいが[4]、通常なら年間330ミリに届かない雨しか降らないロサンゼルスで、およそ1680ミリの雨が降ったと記録されている。

数字が何であれ、結果として州全土が破壊された。カリフォルニア州のセントラル・ヴァレーは、幅が西の沿岸域から東のシエラネヴァダ山脈まで、長さは州とほぼ同じくらいの、南北に伸びている巨大な窪地である。その谷間がシエラネヴァダ山脈からの急流で水に浸かった。水はほぼ翌年いっぱい引かなかった。州都サクラメントはセントラル・ヴァレーの北端に位置する平坦地にあり、アメリカン川とサクラメント川が合流する場所に築かれていた。カリフォルニア州で2番目に大きい都市だった同市に犠牲が集中した。

最悪の洪水は1月9日に起きた。まずアメリカン川の水位が上がって土手が崩壊した。サクラメント川は依然として最高水位に達しておらず、土手も持ちこたえていたため、アメリカン川の水が市内に閉じ込められてしまった。1月10日までに、サクラメント市内の川は最低水位より約

7・3メートル高くなっていた。市のほとんどは最低水位から約4・9メートル高い場所にあったため、その時点で約2・4メートル浸水していたことになる。ニューヨーク・タイムズ紙は報じた。「最高級住宅の大部分で居間に90〜180センチほどの高さまで水が入った。ほとんどの家屋で、水の跡が2階の壁についているのが見える。2階建てを含む数十軒の木造家屋が持ち上げられ、流失した。（中略）薪のすべて、フェンスや物置小屋のほとんど、家禽、猫、ネズミのすべて、牛や馬の多くが流された」

翌日は、新たに選出された州知事リーランド・スタンフォード（のちにスタンフォード大学を設立した人物）の就任式だった。あいにく、新しい州都は氾濫した水のなかにあった。参加者はやむなく手漕ぎボートで出向いた。安全性に対する懸念を無視して、就任式は予定どおり州都で行われた。州知事は宣誓就任し、ボートで邸宅に戻ったが、2階の窓に乗りつけるほかなかった。新しい州政府は仕事にとりかかろうとしたが、サクラメント市の生活基盤は崩壊しつつあった。12日後、努力は放棄され、州政府はサンフランシスコへ移動した。

あまりにも広い範囲が被害を受けたため、復興は不可能だと考える人もいた。3月にサクラメントに戻ったウィリアム・ブルーワーはそのようすを記録に残している。

市の大部分は3か月経ってもまだ水に浸かったままだった。（中略）地下倉庫や裏庭など、低い場所はすべて水没し、壁は湿っていて、何もかもが気持ち悪かった。（中略）庭は壊れて泥だらけのぬるぬるしたフェンスに囲まれた池と化していた。椅子、テーブル、ソファといった家具や家屋の破片が、濁った水に浮いていたり、すきまや隅にはさまっていたりした。(中略)市から延びている道路はどこも通行できず、商いは完全に止まっていて、何もかもが荒涼として、惨憺《さんたん》たるありさまだった。家々の多くは一部が倒壊していた。基礎からはずれて流された家もあり、街路(もはや水路)の多くは漂ってきた家屋でふさがれ、死んだ動物があちらこちらに横たわっていた。おそろしい光景である。これほどの打撃を受けてしまっては、街はもうもとには戻れないだろう。そんなことができるとはとうてい思えない。

*

当然のことながら、サクラメントはやがて復興を遂げた。それができたのは大胆な先見性、決意、工学の進歩があったからこそだった。市政府が決定した解決方法は、サクラメント市全体を1862年の浸水深よりも高く持ち上げて再建することだった。4キロにわたる地面が2・7〜4・3メートルほどまで持ち上げられた。必要な泥や砂を運ぶための資金は市民が集めて負担した。所有者の一部は建物を基礎から切り離してジャッキで3メートルほど持ち上げた。1階部分は諦めて埋めてしまうだけの所有者もいた。作業が完了するまでに15年の年月と莫大《ばくだい》な費用がかかった。

大惨事の可能性が現実のものとなっていた。居住者は自分たちの街が失われるかもしれないという目の前の不安に突き動かされた。市の存在が脅かされただけではない。州都としての地位を失うおそれもあった。州政府がそのままサンフランシスコにとどまるかもしれないという思いが住民に重くのしかかった。

人類の歴史を通して、いくつもの都市が洪水に見舞われては消えていった。この洪水が尋常ではなかった理由は、サクラメントがこのとき失われた、あるいはほとんど失われそうになった数百の市や町のひとつでしかなかったことである。カリフォルニア州北部のほとんどの都市が大きな被害を受けた。州南部に大雨が降る前の1862年1月21日、ニューヨーク・タイムズ紙は報じた。「主要都市以外の町は言うまでもなく、1本の通りの一部地区を除いたサクラメント市すべて、メアリーズヴィルの一部、サンタローザの一部、オーバーンの一部、ソノラの一部、ネヴァダの一部、ナパの一部がすべて浸水した」。正確な数字は把握しにくいが、小さな町の多くは壊滅した。シャスタ・カウンティ・クーリエ紙の記事によれば、シャスタ郡内だけで、3つの町の家屋がひとつ残らず全壊した。多くの人がカリフォルニア州から離れたようである。20か月後、ウィリアム・ブルーワー[5]とニューヨーク・タイムズ紙[6]の両方が、州の人口減少について述べている。

ウィリアム・ブルーワーはセントラル・ヴァレーを「湖」と呼び始めた。

「湖」はこの時点で幅が100キロ弱あり、山地から反対側の丘まで伸びている。(中略)その広大な地域で、ほぼすべての家と農地が失われた。長さ約400〜480キロ、幅約30〜100キロにわたる、氷のように冷たく濁った大量の水が、風で波打ち、農場の家屋を粉々にしていた。アメリカがこれほど破壊力のある洪水を経験したことは一度もなく、旧世界にも同様の例はほとんどない。

地滑りが、まだ鉱夫らが暮らしていた山間部のあちらこちらを引き裂いた。洪水にくわえてこうした地滑りでもたくさんの命が失われたが、総数は集計されていない。ほとんどの災害と同じように、貧しい人々の被害がいちばん大きかった。彼らは危険な住宅で暮らし、対処するための資源も少ない。サンフランシスコにある中国系支援組織の報告によれば、中国系移民が最大の犠牲を出したようである。中国系移民社会の死者は1000人を超えていた可能性がある。

サンフランシスコはサクラメントと比べれば被害は少なかった。半島の先端に築かれた同市は東にサンフランシスコ湾、西に海があるため、雨水の逃げ道がある。だがその場所でさえ、猛襲の爪痕がいたるところに残っていた。カリフォルニア州北部の水はその多くが川を通ってサンフランシスコ湾に流れ込む。ゴールデンゲートの狭くなった湾の出口では、流出する力が強すぎて船が入れなくなった。また、それまで海水だった湾口の外で淡水魚がとれた。この州最大の都市が無事だったことは、おそらく州の存続にとってきわめて重要だっただろう。

州南部にあるロサンゼルスとオレンジ郡には現在1400万人が暮らしているが、当時の居住者は1万5000人に満たず、そのほとんどが洪水に見舞われた。地域最大の都市はロサンゼルスで、アグアマンサ（穏やかな水の意）がそれに続いた。サンタアナ川の両岸に肥沃な土地があり、乾燥した夏に川の水を灌漑に利用できることもあって、その場所は入植者にとって理想的に見えたにちがいない。

カリフォルニア州南部の平均的な冬には、サンバーナディーノ山脈に降る少ない雨が適度な流れとなってサンタアナ川を下る。けれども、サンバーナディーノ山脈は世界でも有数の険しい山々で、「地形性上昇」として知られる気象現象の影響を大きく受ける。嵐の雲が山を越えようとして上昇するとき、急激に冷やされて雨を降らせるのだ。サンバーナディーノ山脈の測候所は通常、アグアマンサがある平野部の測候所の2倍の雨量を記録する。

1862年1月22日の夜、4週間降り続いたあとの24時間を超える豪雨にさらされて、アグアマンサの町は濁流にのまれた。地区の教会は町を見下ろす小高い場所にあったが、水かさが増すにつれて、教会の司祭であるボーゴッタ神父に轟音が聞こえてきた。危険を感じた神父は教会の鐘をひたすら鳴らし続けた。なぜ教会の鐘が鳴り止まないのだろうと訝《いぶか》しんだ町の住民が次々にやってきて、唯一の安全な場所であるその教会にとどまった。ボーゴッタ神父は水位が上昇しても休まず鐘を鳴らし続けた。最後の数人は水をかき分け、泳いで教会にたどり着いた。

ボーゴッタ神父が機転を利かせたおかげで、アグアマンサはひとりの犠牲も出さなかったが、町は破壊された。日干しレンガ造りの家は押し寄せた水でばらばらになり、農耕地は山から流れてきた岩の破片に覆われた。教会と司祭の家を除けば、残った建物はひとつもなかった。町民の家畜は流されて溺れ死んだ。洪水で流れてきた大小の岩ですきが通らず、春になっても畑を耕せなかった。現在もアグアマンサにある当時の名残りは、教区民の命を救った教会への階段だけである。

州のいたるところで何か月も引かなかった水は、地形を一変させた。アナハイムではサンタアナ川の周辺約6キロに水が広がり、1か月間にわたって深さ1・2メートルの内海となった。ようやく水が引くと、河口が10キロ近く移動していた。ロサンゼルスでは、水は山と山のあいだに広がっているように見え、現在ほぼ1000万人が暮らす、パロスヴェルデス半島とサンガブリエル山地のあいだの約80キロに乾いた土地はなかった。

セントラル・ヴァレーだった「湖」では、水は一年中引かなかった。サンフランシスコとニューヨークを結ぶ新しい電信柱が完全に水没して、何か月も使えなかった。道路が通行止めになり、郵便が配達できなかった。ひと月ものあいだ、外の世界との通信がいっさい途絶えた。それぞれの地域は自分たちの状況を把握していたが、カリフォルニア州民でさえ州のほかの地域がどうなったのかは何か月もわからないままだった。カリフォルニア州南部の被害状況の知らせが州都に届いたのは2月後半になってからである。

今になってさえ、その洪水被害の全容をつかむことは難しい。人目を引く大都市の被害が話題にのぼったその陰で、小さな地域社会の被害は記録されなかったためである。固定資産税の記録からは、対象となる土地の3分の1が破壊されたことがわかる（つまり1862年の税収には貢献しなかった）。州は破産した。州議会は18か月のあいだ無報酬だった（それを思えば、ホイットニー教授の調査資金を打ち切るという決断にいくらか共感できるかもしれない）。

大洪水はカリフォルニア経済を根本から変えた。全産業が痛手を受けた。重い沈殿物を含んだ真水がサンフランシスコ湾の牡蠣《かき》床を流し、養殖ができなくなった。採掘の道具が山から流され、たくさんの鉱夫が死亡した。人手と設備の喪失はそれに続くゴールドラッシュの終息を決定づけた。カリフォルニア州南部の文化だった牧畜業は縮小し、わずかしか残らなかった。家畜の群れは洪水で大きな打撃を受けた。20万頭の畜牛、10万頭の羊、50万匹の子羊が溺死した。牧場主には群れを再び仕入れる資金はなかった。皮肉なことに、その後2年間は厳しい干魃に見舞われ、損失が膨らんだ。カリフォルニアは牧畜から農業経済へと方針を転換した。

＊

被害の度合いを詳しく説明しようとするだけでやりきれない気持ちになる。これは頭で理解できるような洪水ではない。人が暮らしている土地が何千キロにもわたって破壊されたのだ。それにもかかわらず、150年後、ほとんどのカリフォルニア州民は洪水が起きたことすら知らない。洪水はサクラメントでは知られているが、その地域だけのできごとだと考えられている。災害と復旧は、地域社会の忍耐と創意工夫の証である。同市には、サクラメント地下と呼ばれる地中に埋もれた建物の1階部分をめぐる博物館ツアーがある。けれどもそれを除けば、カリフォルニア中で、居住者は干魃に悩み、地震について考えはしても、洪水についてはほとんど注意を払わない。

どうしてカリフォルニアはこれほど大規模な惨事をあっさり忘れてしまったのだろう?

この集団健忘症には心理的また物理的なふたつの要因が関わっている。進化心理学は人間の思考と感情が進化圧によって変化するようすを研究する分野である。わたしたちは捕食者と飢餓の世界でヒトに進化した。そこでは短期的な危機にすばやく対応することが生存にとって不可欠だった。つねに危険に囲まれている状況で子孫を多く残せるのは、もっとも差し迫った危険を認識できる者だった。そして、ほとんどのカリフォルニア住民にとって、洪水は差し迫った危険のように感じられないのである。個人的な結びつき、たとえば当事者としての経験、あるいは親や祖父母の記憶がなければ、災害との結びつきが希薄になって感情的なつながりが完全に失われてしまう。そして危険を判断するさいには、感情が理性よりも強く働くことが多い。

もうひとつ、それに関連して作用する心理的傾向がある。多くの死者と経済的損失が出るにもかかわらず、洪水はいつもほかの災害よりも危険度が低いと思われてしまうのだ。その理由は、洪水の原因が見慣れたものだからである。わたしたちがヒトになった先史時代の世界では、目に見える捕食者は、草の上に横たわって隠れているものほど危険ではないことが多かった。捕食者が見えていれば、それに対して自分の身を守ることができる。草に隠れているヘビが相手ではそうはいかない。それゆえ、わたしたちは今も見えないところに潜んでいる危険をおそれる。スリーマイル島で起きたアメリカで唯一の原発事故では、死者がひとりだったにもかかわらず核エネルギーに不安を感じ、毎年3万人を超えるアメリカ人が自動車事故で死亡しているわりには、運転という行動にはたいして注意を払わない。携帯電話でガンになるかどうかをやきもきしながら、たばこを吸う。

雨はありふれているので害がないように感じられる。洪水で水位が上がっても、迫ってくる水をその目で見ることができる。何とかできるように感じられるのである。そしてたいていの場合、実際にうまく対処できている。地震、火山、地滑りなどのほかの脅威はどこからともなく突然発生する。不規則に、目に見えない形で、不意に地球が破壊される。雨はそうではない。

心理的な要因以外に物理的な要因もある。すべての自然災害で小さな事象は大きな事象より頻繁に発生し、最大級の事象は頻度がもっとも低い。今年の世界の地震記録、あるいはカリフォルニア州の過去の地震、あるいは本震のあとの余震まで、どれをとっても、規模の分布は同じだ。マグニチュード7の地震1回に対してマグニチュード6の事象が10回、マグニチュード5が100回、マグニチュード4が1000回、マグニチュード3が1万回、マグニチュード2が10万回発生する。

洪水にも同じようなパターンがあてはまる（ただし、排水系ごとに統計値は異なる）。どの川でも流量、つまり一定の場所を1秒に通過する水の量を計測できる。ほとんどの場合その値は小さい。一般的な嵐がくるとそれが若干上がる。数年に一度、まさしく大きな嵐がくるとさらに上がる。降り積もった大量の雪に雨が降り注げば流量は一段と増える。そしてすべての要因が重なれば壊滅的な洪水が起こる。地震と同じように、小規模なものはよくあるが大規模なものはめったにない。

水文学者は毎日流れを計測している。長年にわたって日々の量を計算している。どの年を見ても、低い値を超える可能性は高く、高い値を超える可能性は中くらいで、きわめて高い値を超える可能性はきわめて低い。1年のうちにわずか1パーセントの確率でしか起きない流量は100年に一度の洪水と呼ばれる。分布曲線を伸ばして、この規模の大きさの相関関係が続くと仮定すると、1000年に一度の洪水が今年発生する確率は1000分の1しかないと推測できる。これはもちろん低い確率だ。けれども、何千もの川がそれぞれ異なる嵐の影響を受けているのだから「1000年に一度」の洪水はほぼ毎年世界のどこかで発生する。

1861〜62年の洪水は、19世紀にカリフォルニアで発生した多くの壊滅的な洪水のなかでも最悪だった。20世紀の初めごろまでに、セントラル・ヴァレーの大きな河口三角州は堤防で囲まれた。シエラ山脈の丘陵地帯には、灌漑用水を確保すると同時にその後の洪水を減らす目的でダムが造られた。1938年の豪雨でロサンゼルスを囲む山々に5日間で約800ミリの雨が降って、ロサンゼルス盆地の3分の1が浸水してからは、州南部の洪水対策を求める声が無視できないほど大きくなった。ロサンゼルスの川は、水がすばやく海に流れるようコンクリートで囲われた。人類の創意工夫と工学技術によって、洪水は止められた。

いや、そう思われた。工学者が達成したのは小さな洪水への対処である。ダム、堤防、コンクリートの水路は100年に一度の洪水、場合によっては200年に一度の洪水には対応できる。しかし、どれだけ大きな洪水制御システムを作っても、それより大きな洪水はつねに起こりうる。実際、長期間待っていればほぼ確実に発生するだろう。未来のいつかの時点で、1861～62年と同じような冬が必ず訪れて、ダムをあふれさせ、堤防を破壊し、おそらく数百万の家屋を浸水させる。そうなるかならないかではなく、いつなるかという問題なのである。

*

わたしのチームが介入したのはそこだった。2008年、サンアンドレアス地震の最終予想シナリオの発表と同時に、わたしたちはカリフォルニア州に向けた大洪水のモデル化に着手した。1862年と同規模のものをめざしたが、モデル化の制約によって若干規模が小さくなった。この取り組みは「アークストーム（ARkStorm）」と名づけられた。「AR」は大きな嵐の背後にある気象現象、大気の川（atmospheric rivers）の頭文字で、1000を意味する「k」はめったに起こらない巨大嵐に注目していることを示している（じつは「k」はなくてもよいのだが、入れたことで箱舟［ark］のあかぬけたグラフィックが使えた）。地質学的な記録から、1861〜62年規模の嵐は100年から200年に一度、つまりサンアンドレアスの巨大地震とほぼ同じ頻度で発生すると推定された。

モデルに示された洪水は既存の洪水制御システムをしのぐ大きさで、カリフォルニア州はそのような制御システムが整備される前の19世紀とほぼ同レベルの洪水に見舞われるとわかった。地震モデルの「シェイクアウト」と比較すると、「アークストーム」のほうが予想される被害が大きいことに、わたしたちは驚いた。可能なかぎり同じ手法を用いたところ、カリフォルニア州の建物の24パーセントが損壊し、経済的損失は地震の4倍にあたる約1兆ドルに達するとわかった。

しかし、その数字より驚きだったのは、2010年に調査結果を発表したときの反応だった。多くの関係者がそれを受け入れることを拒んだのである。緊急事態の管理者は「シェイクアウト」の予想シナリオを歓迎したが、洪水管理者の多くはそのような被害はありえないと一顧《いっこ》だにしなかった。彼らは洪水がどのようなものかを知っている。何より、過去に多くの洪水を制御してきた。そこで、自分たちの工学的解決策が打ち負かされることなどないと信じたいがために、予想結果を無視したのである（シナリオは地域レベルの小さな地区組織では注目を集めた。失われるものが自分の地域社会となると話は別だ）。

そこで話は心理的側面に戻る。災害科学者であるわたしのチームは、洪水は地震ほど感情的な不安を与えないとわかっていたのだから、その反応にそれほど驚くべきではなかった。けれどもわたしは、根拠を示せば市の関係者は「優先順位を変えなければ」と言うだろうと思っていたのである。ところが、緊急事態管理者の感情的な反応が組み込まれていなかったために、データは大部分が拒否されてしまった。彼らもまた、すべての人と同じように、見えないもののほうが怖いのだ。心理学者の言葉で述べるなら、彼らは確証バイアスに基づいて行動していた。つまり、自分の考え方に沿わないデータに批判的になったのである。

桁ちがいの洪水が起きる可能性を受け入れられなければ、アメリカ全土、いやまさに世界中の人々のリスクが大きくなる。洪水がどれほど深刻化しうるかを推定する標準的な方法は過去の記録に頼っている。過去の長さ、すなわち水文学者が言うところの「記録期間」は、アメリカで100年を超えることはまずない。なぜなら、最初の量水標が発明されたのが19世紀の終わりごろだからだ。つまり、1861〜62年のような古い洪水は、いくらわたしたちがその存在を知っていても、予測のなかには組み込まれていないのである。不十分なデータに基づいて、全米で氾濫原に家屋や事業所が建てられている。新たな建築計画が生まれるたびにリスクが増大している。

今日、状況はさらに危うさを増している可能性がある。大気が以前より暖まり、この1世紀で地球の温度は平均でおよそ0・8度高くなった。そのため余分なエネルギーが生じて極端な嵐が増えている。「1000年に一度の洪水」という仮定は、科学者が言うところの「定常」、つまり未来も現在と同じ状況であることが前提だ。このわずか10年のあいだに、サウスダコタ州チャールストンやテキサス州ヒューストンで1000年に一度の嵐がいくつも発生している。「定常性はもはや通用しない」という言葉が、水文学会議やワークショップでたびたび聞かれるようになっている。

1862年にカリフォルニア州の課税対象だった土地の3分の1が破壊されたとき、カリフォルニアの人口は40万人だった。現在ではその100倍近い人々がなおも未来の洪水の危険にさらされている。そしてそれを知っている人はほぼだれもいない。

# 第5章 「震源」を探して

## 日本、東京〜横浜、1923年

これが地獄でないなら、どこが地獄だというのか？
——1923年関東大震災、無名の生存者

地震は富士山や天皇と同じくらい日本、その歴史、その文化の中心である。カリフォルニアの3倍の頻度で地震が発生する日本は、その歴史を通じて繰り返し地震とそれが引き起こす津波に襲われてきた。日本の神話では、地震は地中の大鯰《おおなまず》が原因であるとされ[1]、大鯰の木彫り細工が各地で作られて販売されている。風と雷はそれぞれを司《つかさど》る神がいるが、地震だけは大鯰が原因で、それを鎮《しず》めることができるのはひとりの神だけだった。

これまで日本に壊滅的被害をもたらした地震のなかでも、特に被害が大きかったもののひとつは、1923年に関東大震災を引き起こしたマグニチュード7・9の関東地震である。そのときは東京と横浜の大部分が破壊され、10万人を超える死者が出た。この地震が発生したのは、日本が長く続いた鎖国文化から世界の舞台の一員へと移行していた時期で、地震に対する国の対応にそのふたつの異なる姿が映し出されることとなった。

天皇を君主と仰ぐ日本は、その地が特別な場所であるという信念のもと、すでに1000年を超える長い年月のあいだ列島で主権を維持していた。太陽の女神（天照大神《あまてらすおおみかみ》）の子孫である天皇は、日本の人々と天界を結ぶ、なかば神のような存在だった。実際の支配者は天皇の代理として統治していた将軍で、天皇は何世紀ものあいだに主として象徴的な立場になっていた。

日本の文化と哲学の世界観は中国の儒学の影響を受けていた。3000年以上も前に書かれた中国最古の書『易経』が、中国と日本双方の哲学の基礎となる教本だった。孔子は『易経』を研究し、それについて詳しく解説した。中国の戦国時代[2]（紀元前250年ごろ）、哲学者の鄒衍《すうえん》が『易経』の観念に基づいて陰陽家と呼ばれる自然主義派を作った。そこでは、森羅万象はきわめて重要な力の相互作用によって成り立っていると説かれた。陽（男性、明るい、大気、熱い）と陰（女性、暗い、大地、冷たい）が5つの基本元素（水、火、木、金属、地）を通して作用すると考えられていた。

陰陽家の思想は、紀元前2世紀に漢王朝の皇帝に助言していた董仲舒《とうちゅうじょ》によって儒教と統合され、2000年ものあいだ中国の帝政を導き、日本にも大きな影響を与えた。彼の著書『春秋《しゅんじゅう》繁露《はんろ》』では、世界について、天界、人間界、自然界とがたがいに結びつき、それぞれが相反する力と均衡を保っていると説明されている。[3]よって、人間界のバランスが崩れるとそれが自然界に反響し、結果として自然災害が起こる。

　董仲舒の書物では、それぞれの世界をつなぐ皇帝の役割に重きが置かれ、災害を未然に防ぐための皇帝の行動指針が作られていた。皇帝が独裁的で大臣が行政の役割をきちんと果たせなくなったなら、陽の力が過多となって台風が国を襲う。皇帝が弱ったり、大臣が本来の皇帝の役割を権限なしに行ったり、あるいは、女性が政治に関わったりすると、陰の力が過多となって大地が持ち上がり、天を圧倒して、地震が生じる。こうした思想は日本の文化にも徹底的に取り入れられ、[4] 飛鳥時代の675年にはすでに、政府内に陰陽のバランスについて提言する部署が設置されていた。

　16世紀以降次々に西洋人が訪れると、日本はそれを自分たちの生活様式に対する脅

「あら嬉し大安日にゆり直す」国際日本文化研究センター（日文研）アーカイブ。

威だと感じた。そこで1639年、将軍は居留地を除いて外国人が国内に居住することを禁じた。違反すれば死罪となることもあった。その禁止令と鎖国は、その後200年あまりにわたって続けられた。西洋で啓蒙主義が開花しても、日本の伝統的なものの見方が揺らぐことはなかった。19世紀までずっと、幕府に善意があれば森羅万象のバランスが正しく保たれ、自然災害は起きないはずだと考えられていた。けれども、ペンシルヴェニア州立大学アジア研究所の教授で歴史学者のグレゴリー・スミッツによれば、「天体の道徳的原則と幕府の状態が大きく乖離《かいり》すると、不思議な大気現象、凶作、疫病、地震、その他の自然災害が天体の不調和の確固たる証拠となって現れた[5]」

このように、あとにも先にもすべての人間社会同様、日本人も地震、飢饉、火山の噴火は偶然に起きるという考え方に抵抗した。パターンが模索され、意味が推測された。個人がそれぞれ神と関わるユダヤ教とキリスト教の伝統社会では、災害は個人が選択した罪の結果とみなされていた。日本の世界観では個人より集団、そして社会の調和が尊重されていた。その結果、同じ災害が社会の落ち度に起因すると考えられた。

19世紀半ば、ちょうどカリフォルニアが大洪水に遭遇していたころ、日本は危険な思想の侵入を阻もうともがいていた。数世紀にわたって日本社会を守ってきた鎖国は、1853年にアメリカ海軍のペリー准将が押し入ったときに崩壊した。ペリーは砲艦で東京湾の入り口に現れ、開国して西洋と交易するよう日本に要求した。自前の海軍がないためペリーに立ち向かうことができず、なすすべもない大名らの面目は丸つぶれだった。日本は、森羅万象における自分たちの立場とは根本的に異なるものの見方と向き合うしかなかった。

それから十数年のあいだに、明治維新によって、将軍と数百の藩主からなる支配構造が覆された。天皇は政治の権限を取り戻し、もはや儀式上の指導者ではなくなった。明治天皇は側近集団を携えて日本の外交政策を率い、それまでの幕府の鎖国主義を排除した。ペリーによる辱《はずかし》めを克服するためには西洋から学ばなければいけない。アメリカの鉄の戦艦、大砲、銃は大きな戦闘能力を有していた。侍の自己鍛錬は時代遅れだった。天皇とその助言者らは、日本は何としても自国の銃と戦艦を作り、二度と屈辱を味わわないようにしなければならないと誓った。

西洋に匹敵する産業社会を築き上げるためには、日本がみずから世界に手を伸ばす必要があることを明治天皇は心得ていた。そこで、ヨーロッパの若い科学者や技術者に資金と教鞭をとる場が与えられ、来日が促された。

イギリスの地質学者ジョン・ミルンはそうした移住者のひとりだった。1850年にリヴァプールで生まれたミルンは、数学、測量学、工学から、地質学、神学まで幅広い知識を持ち、学費を補うためにパブでピアノまで弾いていた。キングズ・カレッジで学んだのち、鉱山技術者の道を歩もうとロンドンの王立鉱山学校に入った彼は、明らかに旅好きで、わずか数年のあいだに、ヨーロッパ、アイスランド、カナダ、シナイ半島への探検隊に参加している。25歳のときに来日を承諾したミルンは、東京の工部大学校で鉱山学ならびに地質学教授の任に就くことになった。

船酔いしやすい体質だったため、スカンディナヴィア、ロシア、中央アジア、そして中国と、のちにシベリア鉄道として使われるようになった経路をたどって、陸路で日本までやってきた。1876年3月8日、東京に到着した彼は、その晩、生まれて初めて地震を体験した。

研究分野の多様さからわかるように、ミルンはさまざまなものごとに興味を抱いた。1879年には、ユーラシア大陸を横断するあいだに観察した地質や植物を『ヨーロッパからアジアにかけて〔*Across Europe and Asia*〕』と題する1冊の本にまとめた。彼は北海道を訪れ、日本の先住民族であるアイヌについても調査した。北海道では、寺の住職の娘、堀川トネに出会って結婚した(何年も経ってから、イギリス政府に婚姻を認めてもらうために東京の教会で再び結婚式を挙げている)。トネは地質学者としてミルンとともに働いた。

ミルンの偉業は何と言っても地震の研究にある。啓蒙運動以来、ヨーロッパの人々は幅広い分野で科学的な冒険に没頭していた。けれども、ヨーロッパには観察可能な地震がほとんどなく、地震に対して科学的な厳密性を用いる研究者は多くなかった。日本だったからこそ、ミルンと工部大学校の同僚の工学者は体で感じる地震を測定しようと考え、またそうする過程で現代の地震学の分野を築くことができた。

*

日本列島は4つのプレートがぶつかり合って形成されている。ユーラシアプレート（西）が太平洋プレート（北東）およびフィリピン海プレート（南東）とぶつかり、そのあいだに細長い北米プレートがはさまっている。これら4つのプレートの衝突によってユーラシアと北米のふたつのプレートが西に押されたことで、日本列島ができあがった。また、富士山をはじめとするいく

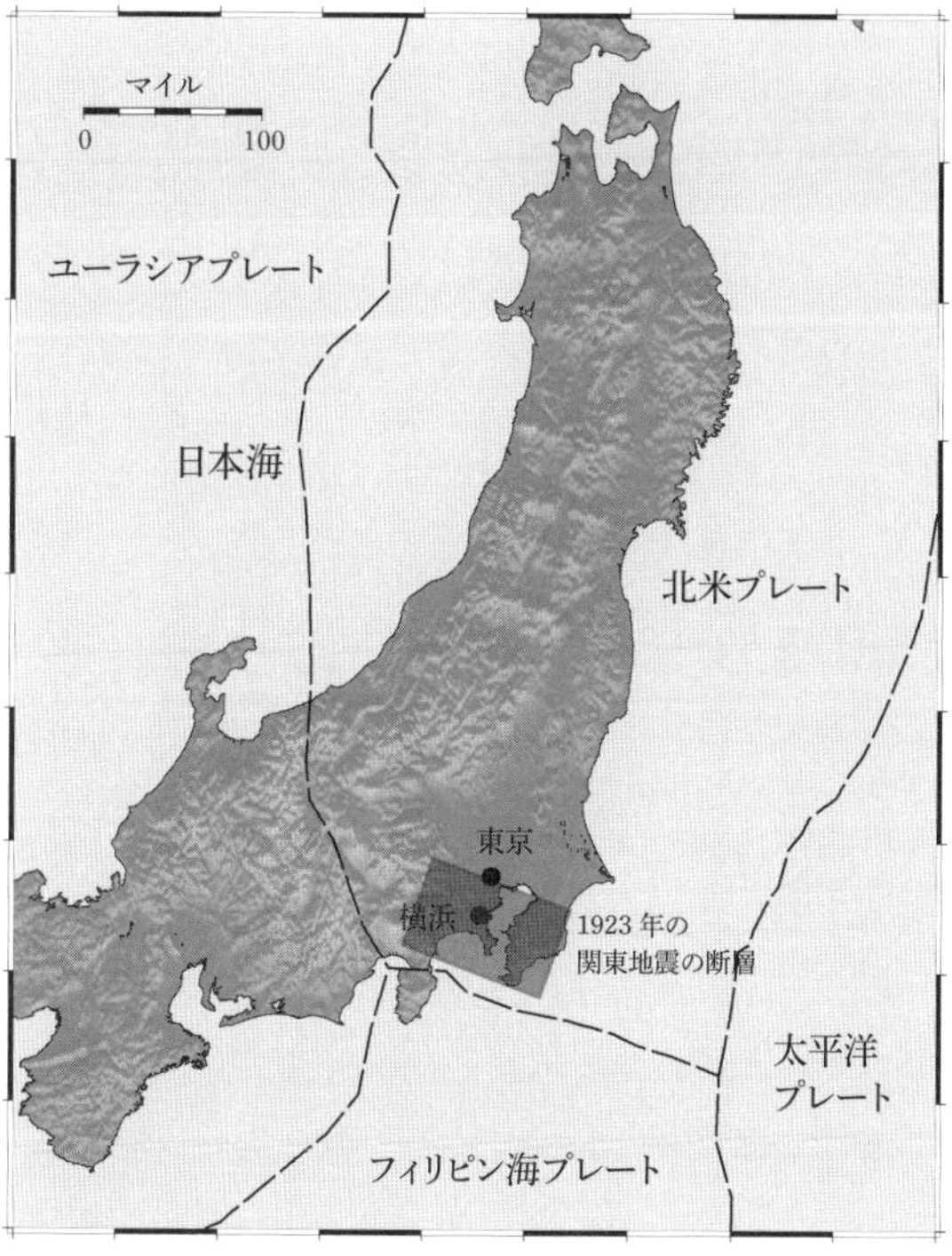


日本、本州中央部分の地図。プレート境界と1923年関東地震の断層位置が示されている。

つもの火山を形作るマグマも生成された。

このような沈み込み帯では、プレートの境界であらゆる種類の地震が頻発する。[6] プレートがこすり合わされたり離れていったりするのではなく、たがいに押し合っているため、圧力がつねに高い。そのため摩擦の力が大きく、地震でそのエネルギーの大部分が放出される。ふたつではなく4つのプレートが衝突するという複雑な状態は、日本の地震がプレートの境界だけでなく列島全体に広がる傾向にあることを意味する。日本では、世界のどこよりも多くの人が地震の危険にさらされている。

ジョン・ミルンはその日本で研究に乗り出した。彼は自分が体験した地震に好奇心を抱き、それを計測する方法を考え始めた。１８８０年2月に港町横浜が大きな地震の被害を受けたあと、ミルンとふたりのイギリス人、そして日本人の同僚たちは、世界初の地震学組織となる日本地震学会を創設した。最初の取り組みのひとつは、水平振り子を用いた正確な地震計の開発だった。地震計のもっとも重要な基本原則は、地面が揺れ始めても動かないように、おもりを宙に浮かせておくことである。そのうえでおもりにペンを取りつけ、床に貼った紙に線を描くようにしておけば、地面とおもりの動きの差を示すことができる（現代の地震計でもおもりは動かないようにしてあるが、電気的なフィードバックシステムを用いて動きのデジタル記録が作成される）。地震計の利用によって、地震の場所と規模に関する初の系統立った分類が可能になった。同年、ミルンの教え子である関谷《せきや》清景《きよかげ》が、それまで世界のどこにも存在しなかった地震学の教授になった。

彼はまた、東京大学で世界初の地震学部長に任命された。

新しい装置、新しいデータ、新しい研究者。何もかもが生まれたての地震学分野は急速に発展した。しかし、地震学者はあることに気づいた。そしてその認識は日増しに強くなった。研究がもっとも大きく前進するのは、もっとも興味深い地震が発生したときだけだった。つまり、ほかの科学者とは異なり、地震学者は実験ができないのである。

1891年に発生したマグニチュード8の濃尾《のうび》地震は初期の地震学者にとって格好の機会となった。震源地の断層は沖にある3つのプレート境界上ではなく、二次的な内陸の断層だった。それが地表に現れ、小川や道路がずれた。その

ジョン・ミルン（中央）と妻トネ。ロシア人地震学者ボリス・ガリーツィンとともに水平振り子地震計のひとつを見ている。ワイト島カリスブルック城博物館収蔵。

特徴を調査したミルンは、世界で初めて、地震と断層には相関関係があると仮説を立てた（彼は、地震が断層を破壊したと因果関係を逆さまに考えていた。断層に沿った運動が地震を引き起こすと科学者が認識するようになったのはそれから数十年後である）。

　同じくミルンの教え子だった大森房吉《おおおりふさきち》は、濃尾地震を利用して、地震活動における最大の非偶発的構成要素を発見し、それを数値化した。それは、余震である。ひとたび地震が起きると、別の地震が起きやすくなる。断層の動きによって周囲全体に圧力がかかり、新たな不均衡、つまり圧力の集中が生じるためだ。続いて起こる地震はその新たな圧力を解放する。そのような地震は発生が予想され、それより前に起きた地震の直接の結果であることから、英語ではアフターショックと呼ばれる。

　大森は濃尾地震の余震を調査して、発生件数が時間の経過とともに減少し、そのパターンが簡単な方程式で説明できることを示してみせた。もし1日目に1000回の余

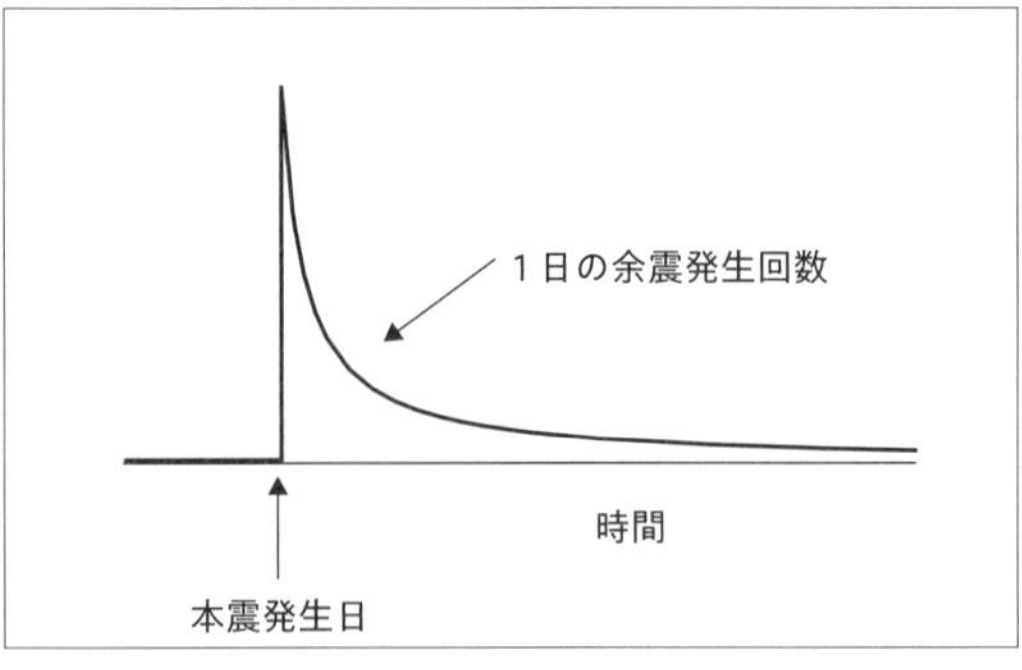


どうして余震だとわかるのか？　「余震」という言葉は本震のあとに発生する地震を表すもので、本震の前よりも頻度が高い。

震があったなら、2日目は1000割る2で500回、3日目は1000割る3で333回になる。10日目の余震は100回、100日目は10回だ。つまり、発生件数はすぐに減少するものの、発生期間はきわめて長い。99日目は1000割る99で10・101回であるから、100日目と大差ない。大森が調査した1891年の地震からちょうど100年経った1991年、日本の地震学者は、その断層周辺における地震の頻度がなおも100年前に大森が発見した減衰パターンにしたがっていることを明らかにしている。

濃尾地震直後の1895年、ミルンは妻トネとともにイギリスに戻った。彼はワイト島で同様の地震計を作り、複数の場所に設置した。日本の同僚とやりとりしながら、ミルンはイギリスで記録された動きの一部が日本の地震によるものだと示すことに成功し、この観察からグローバル地震学の分野が芽生えた。

一方、日本では、1896年に関谷が死去して、大森房吉が地震学部の学部長になった。彼は教員と学生の数を増やした。計器地震学はフル回転を始め、日本がその先頭に立っていた。

1906年にサンアンドレアス断層の北部で大地震が起きてサンフランシスコが被害を受けたとき、日本の天皇は救援を送った。大森教授その人が科学の専門知識を提供するとともに、その地震から学ぶためにカリフォルニア州へ赴いた。ところが、カリフォルニアの反アジア人感情が原因で、彼は到着時に手荒く扱われたばかりか、街で襲われさえした。大森が辛抱強く残ってくれたことはアメリカにとって幸運だった。彼がカリフォルニア大学バークレー校の科学者と協力したおかげで、地震学研究がアメリカに持ち込まれたからである。

＊

ミルンは地震の発生を地表に見えている断層と結びつけた。10年後、大森の教え子だった今村《いまむら》明恒《あきつね》は、地震の空間パターンの数値化を進めようとした。幸いなことに、地震の空間的な分布は発生の時期よりもはるかに予想しやすい。日本の歴史を調べた今村は、東京から横浜にかけての大都市圏直下で、一定のパターンに沿って地震が繰り返されていることに気づいた。都市化されたばかりのその地域で大地震が起きたらどうなるのだろう。彼は不安を抱いた。

地震が断層に沿って進むときは断層面全体が揺れを起こす。サンアンドレアスのように断層面が垂直であれば、揺れが集中する範囲は地表に直線的に現れるだろう。断層で生じた揺れはその直線から放射線状に広がって、遠くへいくほど弱くなる。したがって、揺れの分布は線状に見える。断層面が垂直ではなく水平に近い場合には——沈み込み帯の断層はたいていそうである——強い揺れが起きる範囲が広くなる。地図上では線ではなく面で表示され、都市全体がそこに含まれることもある。

今村の調査によれば、過去の地震では、近年になって拡大した東京と横浜の全域を含む地域が揺れていた。急成長を遂げていたその地域の人口は合わせて400万人に達し、国の新しい産業化の取り組みを支えていた。居住者の半数以上は過去20年に移り住んだ人々で、その多くが無造作に建てられた家屋に寄り集まって暮らしていた。土地の大半は柔らかい堆積物で、そうした地盤で地震の揺れがひどくなることはすでに科学者のあいだで知られていた。今村は気づいた。そのような状態できわめて大きな地震が発生すればたいへんなことになる。とりわけ火災が危惧された。地震で火事が発生すれば、消火が追いつかないほど広がる可能性がある。それまでに密集する大都市を襲った巨大地震では、都市をまるまる消滅させてしまうほどの大きな火災旋風が起きていた。

そうしたほかの地震の歴史を知っていた今村は、木造住宅がひしめき合った新東京でも同じような大火災になる可能性があると考えた。彼はそのような地震とその結果生じる火災の影響

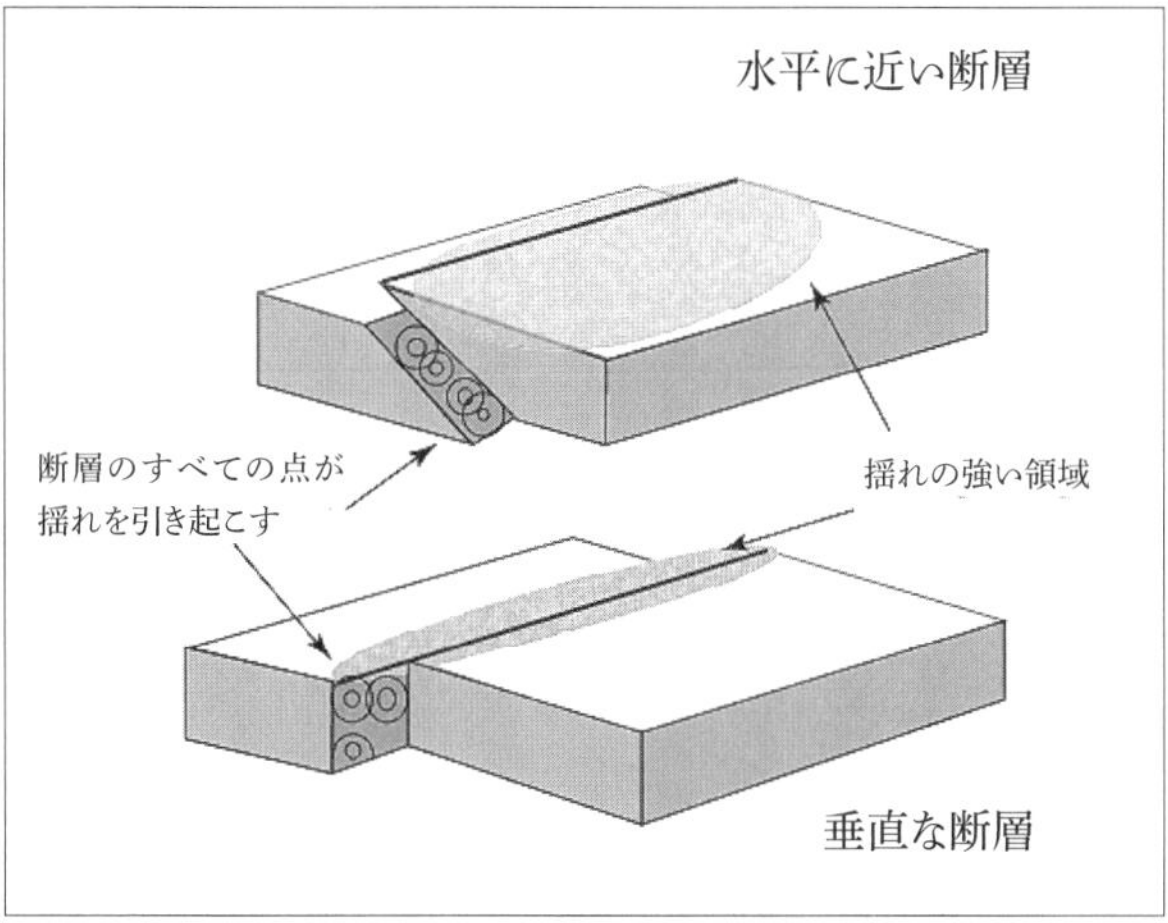

垂直な断層と水平に近い断層周辺の揺れの比較

を推定する分析結果を整え、１９０５年に雑誌でそれを発表した。推定された死者数は10万から20万人だった。東京の大衆紙がその話を取り上げ、今村の許可を得ずにもっとも人目を引く部分だけを大々的に掲載した。「今村博士の説き出せる大地震襲来説、東京市大罹災の予言」。それが人々に不安を抱かせた。東京大学の地震学部長だった大森は激怒した。彼は公に今村を厳しく批判し、その先数百年は東京が大地震の被害を受けることはないと、理由を説明する記事を書いた。公の場で恥をかかされた今村は憤慨した。それ以来、今村と大森が言葉を交わすことはほとんどなかった。

18世紀末から19世紀のヨーロッパで自然哲学の発展が思想革命に火をつけたのと同じように、日本では明治維新の科学教育によって、地震は精神の具現化ではなく物理的な現象として一般に解釈されるようになっていた。それでも、ヨーロッパと日本のいずれの文化においても、民族の伝統と感情的な反感は簡単には克服されなかった。

１９１２年に明治天皇が崩御して、その息子の大正天皇が即位した。生まれてすぐに脳髄膜炎を患った大正天皇は長らく病弱で神経系疾患を抱えていた。在位期間を通して症状は悪化の一途をたどり、１９１９年からは公の場に姿を見せなくなった。１９２１年までには皇太子の裕仁《ひろひと》が摂政となり、父親の公務を担うようになっていた。１９２３年8月、当時の首相が死去して、政府はますます不安定な局面に立たされた。

中国の古典『春秋繁露』のなかで、董仲舒は漢の皇帝に対し、陰の力を強めて地震を招いてしまう失策について具体的な助言を行っていた。もっとも一般的な例は皇帝の差し迫った死である。何世紀にもわたって将軍が天皇の代わりに国を率いる役目を果たしていた日本では、天皇と首相の両方が陽の力の源であると考えられていた。病弱な天皇と首相の死は、まさに地震を引き起こす原因であるかのように見えた。

*

1923年9月1日午前11時58分、あらゆる点で日本社会を根底から揺さぶった地震が始まった。東京と横浜の下にある、水平に近い断層が動き始めた。幅およそ65キロ、長さおよそ130キロにわたって、断層面の上側にある岩盤が南へ移動した。垂直な断層の地震とは異なり、面の上にあるすべての場所が文字どおり地震の真上にあった。横浜は断層に乗っていた。東京はすぐその先だった。そのため、この2都市の400万人すべてが、大地が生み出すもっとも強い揺れの被害を受けた。

　人々の多くは昼食をとりに家に戻り、直火のコンロで調理していた。まさに今村が16年前に予想したとおり、コンロが倒れ、火事が発生した。今村本人はそのとき東京大学の研究室にいた。建物が震え、屋根瓦が滝のように落ちてくるなかで、彼は同じ状況に置かれた地震学者なら必ずとるであろう行動をとった。[7] 時計を取り出して、異なるタイプの揺れが到達する時間を計測したのである。のちの分析から、断層の破壊が西端から始まって東へ進むあいだ、大地はおよそ40秒にわたってエネルギーを放出したことがわかっている。地震がやまびこのように跳ね返ったため、東京の揺れはそれより長くなった。そしてそれは余震が始まるまでの状況にすぎない。この規模の大地震では、揺れが永遠に続くように感じられる。

本震の発生から数分も経たないうちに、東京と横浜のあちらこちらで火の手が上がった。最初の10分間でマグニチュード7を超える地震を含む複数の余震が発生し、消火活動の足かせになった。人々は火を消そうとしたが、火の勢いが強くなってしまえば逃げるしかない。一度に大勢が逃げ出そうとしたため今度は道が詰まった。生存者は何時間も身動きが取れない状態だったと当時のようすを語っている。逃げた遊女が戻ってこないことを案じた遊郭は遊女の避難を禁じ、100人を超える女性が建物内で焼け死んだ。迫りくる炎から逃げようと多くの人が隅田川に飛び込んで溺れた。4万人を超える人々が本所《ほんじょ》にある陸軍被服廠の開けた場所に避難した。

猛烈な火事には特有の大気現象と暴風が生じることがある。火災旋風と呼ばれる現象では、火事で熱せられた空気が上昇して荒れ狂う風が発生し、火のつむじ風となって、燃え広がるスピードがどんどん速くなる。東京の各地で火災旋風が生まれた。そのひとつが陸軍被服廠を襲った。そこで身を寄せ合っていた4万人のうち生き延びたのは2000人だけだった。多くが生きたまま炎に包まれ、そうでなければ高温になって酸素のなくなった空気で窒息した。

だれの言葉かはわからないが、その惨状についてこう語られている。「これが地獄でないなら、どこが地獄だというのか？」
最終的な集計から、大都市圏はほぼ完璧に破壊されたことがわかる。天皇と皇后は地震発生時に皇居にいなかったため難を逃れた。けれどもそれ以外のすべての人々の生活は崩壊した。横浜では建物の8割以上が壊れた。東京では人口の6割の人々の家屋を含む、およそ20万棟が失われた。死者数は少なくとも10万人を超えた。

これほどの被害に直面したとき、従来の日本なら政府の指導者が責任をとっただろう。辞任、もしかすると切腹も考慮されたかもしれない。董仲舒による儒教古典の原書には、皇帝が災害後、公にみずからを批判して過ちを正すべきだとしてその指針が示されている。同じく東京が被害を受けた1855年の安政江戸地震直後には、急きょ刷られた無名の瓦版《かわらばん》に鯰絵が出現した。それらは地震が幕府のせいで起きたと非難する大衆派によるもので、のちに将軍が失脚する一因となった。[8] けれども、1923年の地震では、首相はその1週間ほど前に自然死していた。天皇は病気が原因で4年も公の場に姿を現していなかった。政府の男性的な力が弱いということはだれの目にも明らかだったにもかかわらず、責任を負うべき指導者がいなかった。

日本はある程度、厳密に伝統的なものの見方を脱却していた。にわかに近代産業社会へと進化を遂げ、当時はすでに多くの国民が科学教育を受けていた。地震学はなおも急速に発展を続けている分野だった。そこで、地震に対するまったく異なるふたつの解釈が対立した。一方は、陰陽の力の不均衡が地震を引き起こしたと述べ、もう一方は地質学的な要因の影響だと述べた。おそらくさまざまな社会集団が、学歴や生い立ちによって異なる反応を示したにちがいない。
8月24日の首相の死を受けて海軍大将の山本権兵衛《やまもとごんのひょうえ》が組閣を任されていたが、人選を検討していた矢先に地震が発生した。彼が首相に就任したのは、地震翌日の9月2日だった。都市がほぼ壊滅し大きな混乱状態にあるなかで、山本とその内閣には、政府に対する反乱がいつ起きてもおかしくないことが見て取れたにちがいない。

*

喪失と無力感に直面すると——これほどの規模の無力感となればまさしく——人はしばしばだれかに非を押しつけようとする。自分の過ちが明るみに出るのを心の奥深くで嫌悪している人間は、それを避ける方法を探そうとする。非難は感情のはけ口になる。また、悪意のある人物の手にかかれば、自分から注意をそらすための露骨な悪巧みとして利用される。
鎖国が原因で、20世紀初頭の日本では外国人——ガイジン——は人間以下と表現できるほど低い地位に置かれていた。外国人として日本と交流が多かったのは中国と朝鮮の人々だったが、中国人のほうがより尊厳を与えられていた。もしかすると日本文化が儒教や道教の影響を受けていたからかもしれない。朝鮮半島は何世紀にもわたって日本の海賊や水兵の襲撃を受けたのち、1910年に征服されて日本の植民地になっていた。植民地支配が始まると、近代化に必要な人員を確保するために朝鮮人労働者が日本に連れてこられたが、彼らが日本国民になる道は閉ざされていた。日本の子どもはひとりひとりが天皇の子孫であるという意識から、日本の国籍は父親の家系を通じて維持されていた。その図のなかに朝鮮人の居場所はなかった。

指導者を欠いた政府が首都で発生した惨事への対応に苦慮し、街の各地で火事が猛威を振るい続けるなかで、政府も国民も少数派の朝鮮人に目を向けた。地震から数時間も経たないうちに、朝鮮人が暴動を企てているといううわさが流れ始めた。朝鮮人が放火し、井戸に毒を入れ、強姦し、略奪していると言われた。そうした情報は、遠く800キロほど北に離れた北海道にまで伝わった。

多くの市民が即座に反応した。竹槍、大工道具、包丁、割れたガラスなど、おもに間に合わせの武器で武装した自警団が近隣の朝鮮人を襲った。9月2日、就任したばかりの首相は戒厳令を敷き、被災地域に軍隊を動員した。陸軍部隊が街を出る列車から朝鮮人を引きずり出してその場で殺害したと生存者は語っている。警察は少なくとも虐殺を見て見ぬふりをした。積極的に加担した例もあった。警察が朝鮮人をかり集めて監禁した。「懸念の払拭と保護」が正当化の根拠だったが、拘留された人の多くはのちに自警団に殺害された。警察署のなかで殺されたこともあった。

政府がデマの拡散に一役買っていた形跡がある。内務省が地方局に、朝鮮人が放火している、逮捕せよと命じる電報を送っていた。警察にはさまざまな管轄区域から、朝鮮人が爆弾で火をつけた、井戸に毒を入れている、3000人が横浜で略奪と破壊行為に走っており、首都へ向かっているという報告が入っていた。

虐殺は過剰防衛の域を大きく超えた。多くの朝鮮人犠牲者が拷問された。発見された遺体はばらばらに切断され、目と鼻が切り取られ、何千もの裂傷があり、性器が切除されていた。調査記録によれば、それらはしばしば生きているあいだに与えられた傷だった。日本で育った在日朝鮮人のソニア・リャンは記している。ある場所では、「暴徒が、親の目の前に並べられた子どもたちの喉を掻き切った。それから親の手首と足首を釘で壁に打ちつけて、死ぬまで拷問した」[9]。攻撃は儀式におけるいけにえの様相を呈した——よそ者を痛めつければ、日本社会は地震を引き起こした汚れから浄化されるかもしれない。

政府内では、官僚が意識下の不安に突き動かされた可能性もある。今村の警告に注意を払わなかったという理由から、また陰陽の均衡を崩したという理由からも、自分たちに非があると容易に糾弾されうる。朝鮮半島からの移民はスケープゴートであると同時に関心をそらす対象にもなった。そうは言っても、自分たちから怒りをそらすために、政権のだれかがあからさまに朝鮮人襲撃を助長したかどうかは知りようがない。「政権」もまた人の集合体である。彼らも家を失い、火事にあい、不安に怯え、自分の街が周囲で次々に壊れて、パニックになっていた。そのような状況でもっとも理性的かつ最善の決定を下すことなどだれにもできない。

最初の動機が何であれ、朝鮮人による反乱の既報は事実無根だったと警保局が報道機関に発表したのは、9月3日の遅い時間になってからだった。9月4日、警察は街を守るために朝鮮人を攻撃する必要はないと通知を出したが、すでに手遅れだった。9月5日までに、東京と神奈川に居住していた2万人の朝鮮人のうち6000人が拷問され、殺害された。のちにこれは朝鮮人虐殺と呼ばれるようになった。

虐殺は本質的に、偶然を受け入れられない人間性、説明できないものごとに襲われたときにだれかに罪を着せずにはいられなくなる性質が、とりわけ暴力的な形で姿を現したものである。少数派の人々に責任が押しつけられた背景には、人間本来の性質にくわえて、変わりゆく新しい世界に対する国の動揺もあったのかもしれない。科学は自然災害の因果関係について広く普及していた思想を切り崩すために始まった。けれども、従来の陰陽の概念に取って代わるような満足のいく答えを導き出すところまではたどり着いていなかった。そのふたつの世界観のあいだに存在する溝が原因で、はけ口のない悲しみがもたらす拒絶と怒りが噴き出し、政府と国民がそろって、もっとも弱い立場にあった人々を犠牲にしてしまったのである。

第6章

# 堤防が決壊するとき

## アメリカ、ミシシッピ州、1927年

粗末な古ぼけた堤防から、涙を流し、むせび泣くことを教えられた。
――カンザス・ジョー・マッコイ&メンフィス・ミニー、1927年の洪水をうけて

ミシシッピ川はアメリカ最大の河川である。実際あまりに大きいため、それ以上おおげさに表現しようがない。流域面積は世界で3番目に広く、アメリカ32州に降る雨と雪を集めながら、アメリカの40パーセントの地域とカナダの2州に広がっている。本流と支流はメキシコ湾に注ぎ込む。「支流」のミズーリ川のほうが本流よりだいぶ長いが、イギリス領とスペイン領の境界を示すのに都合がよかったため、東寄りの部分にはミシシッピの名がつけられた。

ヨーロッパの領土拡張主義者が命名するよりずっと昔から、ミシシッピ川はそこで暮らしていた人々にとっての食料庫であり、主要な交通路でもあった。川からは魚介類がとれ、川岸沿いでは交易が盛んだった。あとからやってきたヨーロッパ人は、川の輸送能力により大きな関心を抱

いた。フランスの探検家ド・ラ・サールが川の権利を主張したとき、彼はフランスのメキシコ湾入植地とカナダを結べるのではないか考えていた。けれども、フランスの主張は根拠に乏しく、やがて「ルイジアナ購入」によって川の支配は完全にアメリカの手に渡った。

　数千キロを流れゆくその大量の水は、いつの時代にも、近くで暮らす人々の心の拠りどころであると同時に頭痛の種でもあった。川はアメリカ中部の農業と産業の急速な発展を支える経済の原動力となってきた。最初の産業だった材木と毛皮は船で川を下ってニューオーリンズへ、さらにそこからヨーロッパへと運ばれた。広大で豊か

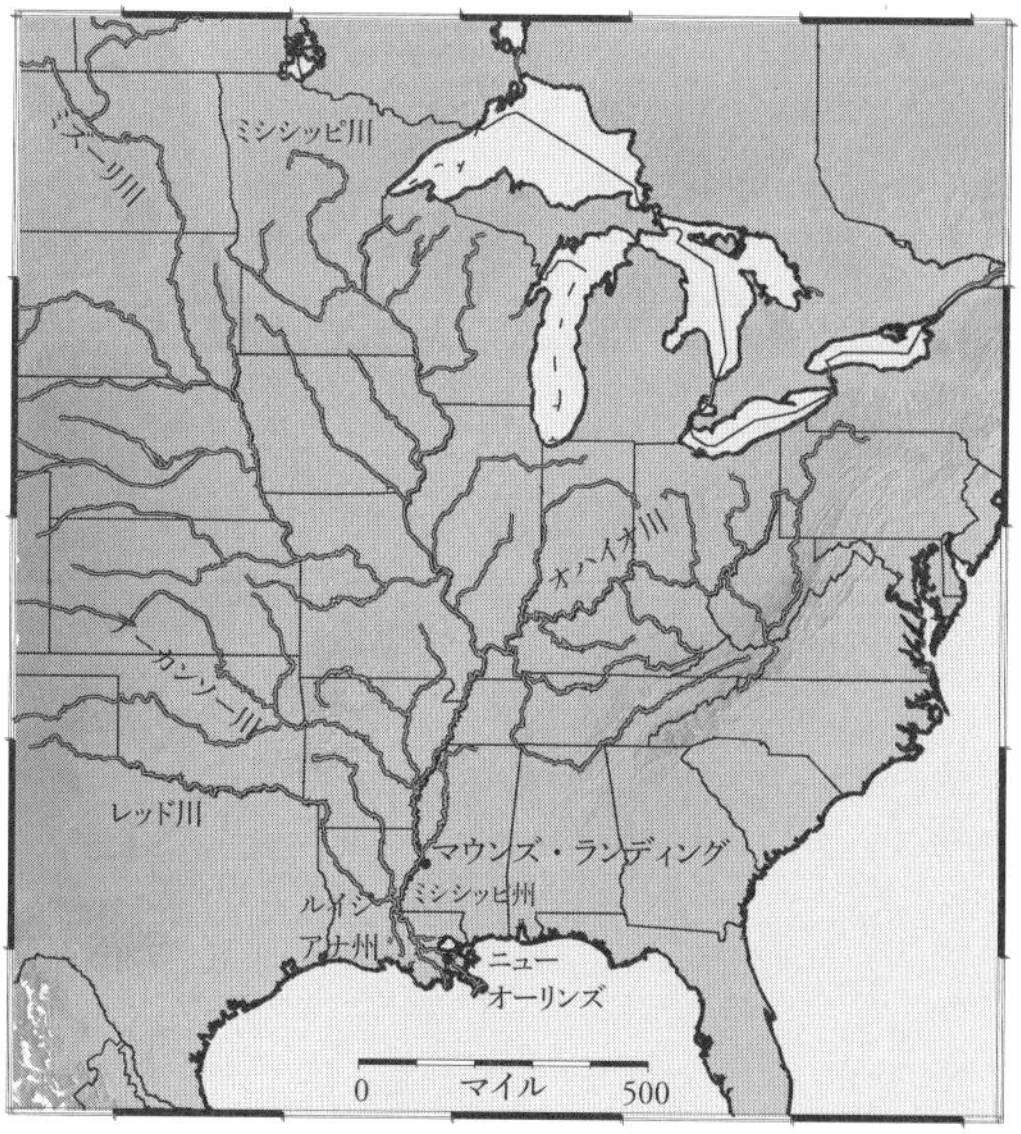


ミシシッピ川のおもな支流の地図。

な大草原の農場は、作物を各地の都市へ運ぶ効率的な交通手段がなければ、アメリカ全土、さらには国外へと食料を供給することはできなかった。川の水力は初期の製造工場を動かした。ミシシッピ川は地域の文化と暮らしの目に見える象徴となり、マーク・トウェインからテネシー・ウィリアムズ、カンザス・ジョー・マッコイ&メンフィス・ミリーからスティーヴン・フォスターやアラン・トゥーサンまで、その流れは本や歌にも描かれた。

けれども、氾濫が起きるたびに、川がもたらす経済的恩恵は奪い取られる。ミシシッピ川の歴史は洪水の歴史である。16世紀にインカ・ガルシラソ・デ・ラ・ベガが書いた[1]、１５４３年の探検家エルナンド・デ・ソトの物語には、現在のメンフィスに近いアメリカ先住民の居住区で40日間続いた洪水の話が含まれている。19世紀の記録には洪水、大洪水、そして巨大洪水が列挙されている。ジョニー・キャッシュの『ファイブ・フィート・ハイ・アンド・ライジング』からチャーリー・パットンの『ハイ・ウォーター・エブリホエア』まで、ミシシッピ川の歌はその流れがもたらす悲しみと死の歌だ。

ゆえに、ミシシッピ川流域でヨーロッパ人社会が成功するかどうかはつねに、川の堤防がうまく機能するかどうかに左右されてきた。自然に形成されたものでも人工的なものでも、川の土手は繰り返し起きる川の増水をせき止める役割を果たしている。ミシシッピ川の氾濫原で暮らす何百万人もの人々がいつもどおりの生活を続けられるのはそのおかげだ。土手が地域の存続に必要不可欠な役割を担っていることを思えば、自然また人工の堤防がどのように形成され、機能しているかをよく考えてみる価値はある。そうするためにはまず、川と陸地のあいだ、つまり水が流れている場所と流れていない場所のあいだに、絶対的な境界があるという幻想を捨てなければならない。流体の状態である川と固体の状態である大地のあいだにもだ。

わたしたちは陸に住んでいるため、地表の目に見えているものと、川や湖や海の底に沈んでいるものは異なる存在だと考えてしまいがちである。けれども、川は本質的にその周囲の陸地と変わらない。川堤となる土壌は特別なものではなく、その下の地殻も特有なものではない。川は付近よりも低い位置にあるだけだ。水は重力に引かれて低いほうへと流れていくため、必然的に低い場所に水たまりができる。あたりまえのことだが、わたしたちはそれを見失っていることが多い。ミシシッピ川が現在の場所にあるのは、川底の土地が周囲のほとんどより低いためである。実際、ミシシッピ川が海に注ぐ最後の725キロほどは、川底が海面より下にある（ニューオーリンズに近い場所では、ミシシッピ川の底は海面より約50メートルも低い）。上層の水は低いほうへと流れ続け、摩擦の力で残りの水を引き込む。そのため水路に乱流が生まれる。

川を流れる水の量は雨量によって変動する。ミシシッピ川には広範囲な土地から水が流れ込んでくるため、その水位はたくさんの異なる場所の雨や雪に左右される。川は2本の明確な境界線にはさまれた水のかたまりではなく、まるで生きもののように膨らんだり縮んだりする。地図上のその2本の線は、嵐のあいだの穏やかなときに川が縮んでいる状態のものでしかない。川の本当の姿には、その流れに必要な土地すべてが含まれる。

もうひとつわたしたちに必要な視点の切り替えは、川は水だけではないと知ることである。動いている水にはたくさんの物質を運ぶエネルギーがある。もちろん、物体が小さくて軽いほど運ぶのは容易だ。また水の流れが速ければ速いほど遠くへ運べる。ミシシッピ川のニックネームが「大濁り」なのは偶然ではない。すべての川と同じように、ミシシッピは流れる途中で砂や泥の粒を拾い上げ、それを浮かせたまま海まで運んでいる。水の流れが遅くなるとその浮遊した沈殿物の一部が落ちる。粒が大きくて重いほど先に落下する。

このふたつの考え方を合わせると、なぜ自然な堤防ができるのかがわかる。水が重力にしたがって川へ流れ込むときには、たくさんの泥や粒の大きい沈泥が一緒に運ばれることが多い。雨と雪解けによって水位が上がって下流よりも川の水位が高くなると、高低差が大きくなって流れが強くなり、よりたくさんの沈泥が運ばれる。水かさが増して川堤を越えてあふれるときも水はやはり低いほうへと流れるが、その場合、海へと流れる水路だけでなく外に向かって周辺の土地へも流れ出す。すると、水の通り道が険しい下り坂ではなくなるため流れがゆっくりになって、浮いていた沈泥の粒が落下する。大きい粒がまず川に近い場所で落ち、細かい粒状の物質はもとの川底か

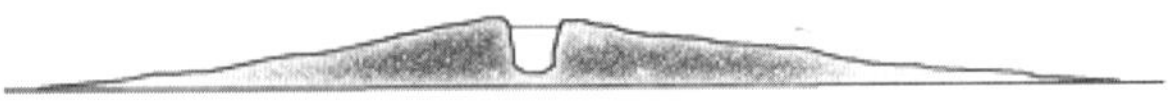


川の堆積物が自然の堤防を作るようす。

ら遠く離れた場所まで到達する。結果として、大きな砂の粒が自然な堤防となって川岸を持ち上げ、その後の洪水を起きにくくする。

しかし、ミシシッピ川の数百年にわたる洪水の歴史が示すように、自然に形成された堤防を（あるいは人工堤防でさえ）上回るような川の大きな増水は必ず起こる。そうなれば、自然、人工を問わず、堤防を利用して氾濫原に作物を植えたり建物を建てたりしてきた人々、堤防は必ず持ちこたえる――少なくとも自分がそこで暮らしているあいだは大丈夫だろう――とみなしてきた人々は、驚くべき現実に直面することになる。そして洪水はすべての場所、すべての人々を等しく襲うのではない。

*

ニューオーリンズは、ミシシッピ川の氾濫原内にヨーロッパ人の入植地を作る初の試みだった。1718年にジャン・バティスト・ル・モワーヌ・ド・ビヤンヴィユによって14の街区が設計され、ミシシッピ川に入ってくる船を管理する守備隊の住宅となったそれぞれの区画に排水路が設けられた。居住者が川がもたらす危険を認識するまでにさほど時間はかからなかった。1年も経たないうちに洪水が起きて、ド・ビヤンヴィユは川に沿って初の人工堤防を築く命令を出すことになった。圧縮された泥がおよそ90センチの高さに固められた。それから200年のあいだに洪水は繰り返し街を襲い、そのたびに堤防が不十分であることが判明した。さらにたくさんの泥が積まれ、より強度の高い物質が組み入れられ、堤防は高くなった。入植地は川に沿って北へ広がり、堤防もそれとともに長くなった。19世紀半ばまでに、川の氾濫を抑えるべく築かれた堤防は長さ１６００キロを超えた。

そうするあいだにも、工学分野がひとつの学問へと成長を遂げ始め、生活に欠かせない構造物の建設に物理の法則や計算が適用されるようになった。工学の基本的な概念はピラミッドのころから人とともにあるが、正式な下位分野はおもに軍の研究分野として誕生した。アメリカ初の工学者は１８０２年に設立された陸軍工兵隊に所属しており、ウェストポイント陸軍士官学校の創設と運営を任されていた。のちに軍事以外の分野が民間の土木工学と定義され、19世紀には各地の大学に工学部が設置された。そこから育った新進の工学者たちが川を制御しようと意気込んでミシシッピにやってきた。

洪水はその対策を考えるときに、封じ込めが必要でありながら水の利用も不可欠という、その両者のつりあいを保たなければならない点で災害のなかでも独特である。氾濫した水は排除しなければならないが、乾燥する時期に向けて水を保存しておかなければならず（雨の少ない西部ではなおさら）、また荷を輸送するためにはつねに川を利用できる状態にしておく必要がある（翌夏に売るために地震やマグマを蓄えておかなければならない人はいないだろう）。いたるところで発生する災害の最たるものである洪水では、身を守る必要性が経済的な求めと食いちがう場合がある。

19世紀半ば以降、ミシシッピ川に取り組む工学者は、陸地を洪水から守りつつ川を航路として使えるようにしておくという川の利用目的をめぐって議論を続けていた。方法と目的に関する論争は、由緒ある陸軍工兵隊の工学者と新たに発展しつつあった民間土木工学者グループのライバル意識が絡んで激しさを増していた。

歴史学者のジョン・バリーは著書『上げ潮［*Rising Tide*］』で、ウェストポイント士官学校の工学者でのちに陸軍の技師長となったアンドリュー・ハンフリーズ将軍と、仕事人生のすべてをミシシッピ川に捧げていた民間土木工学者のジェイムズ・ブキャナン・イーズのあいだの個人的な確執――おもに航路として改良する試み――を取り上げている。[2] ハンフリーズは執念と領土拡張主義に突き動かされていたようである。みずからの報告書で実用的ではないように述べておきながらも、断固として「堤防のみ」の方法をとるべきだと譲らず、工兵隊を味方に引き入れた。[3] 高さのある人工堤防で水をすべて川のなかに閉じ込めておけば、川の流れが速くなるはずだというのが彼らの持論だった。水の流れが速ければ多くの沈殿物が運ばれ、すでに沈んでいたものも流れ去って、砂州がなくなるにちがいない。洪水は堤防によって抑えられ、船の航路は引き続き利用できるはずだ。

ジェイムズ・ブキャナン・イーズは、だれよりもミシシッピ川を熟知していた。沈没船の引き上げを行うために釣鐘型の潜水装置を開発し、何年にもわたって文字どおり川底を歩いていた彼は、堤防だけでは航路の妨げとなっている沈殿物を除去するために必要な流れは作り出せないと考えていた。堤防は川の主要な部分から離れたところに築かれており、洪水時にしか水を閉じ込める役目を果たさないと、彼は指摘した。繰り返し砂州ができる部分に水の流れを集中させるためには、ミシシッピ川の河口に防波堤を設けたい。彼の意見はかなり優勢だったが、ハンフリーズが反対した。失敗した場合には費用を自分で支払うと約束しないかぎり、イーズは防波堤を建てられないことになった。洪水時に川に流れ込む水の量を減らすことのできる貯水池やダムについては、両者とも反対した。

19世紀の終わりごろ、その争いをやめさせるべく国会がミシシッピ委員会を創設した。軍と民間の双方の工学者が参加して、一連の議論に科学的視点が持ち込まれるはずだった。けれども、この政治的なアプローチはきわめて政治的な解決策にたどり着き、それは結果的にほとんどの点において誤りだった。何よりまず、水が川に流れ込まないようにするための貯水池が拒否された。そして洪水が起きた場合に水を迂回させる余水路や放水路も拒まれた。すべてが堤防にかかっていた。そしてしばらくのあいだは、それがうまくいった。

あとから考えれば、当事者はみな、マーク・トウェインが「ミシシッピ川はいつだって好きなように暴れる。どんな工学技術でも思いどおりにはさせられない」[4]と述べたとき、その忠告に耳を傾けていればよかったのだ。速い流れが沈殿物を流し去るという原理はそれなりの理論モデルに基づいていた。けれども現実には、ミシシッピ川の流れは複雑で、理論づけは細かい部分でまったく機能しなかった。第一に、川底のほとんどが海面より低いほど川が深いため、流れが均一ではない[5]。水を柱のように縦に見ると、最上層の水は重力で下へと引っ張られるが、底の部分はそうではない。水と川底の摩擦もまた流れを歪ませる。第二に、川の蛇行は、カーブの外側で内側より水が速く動くということを意味する。つまり、川の片側で沈殿物が洗い流されて、反対側にたまるのである。実際、片側の洗掘が過度に進めば、堤防が築かれている場所の泥まで流してしまい、極端な例では堤防が破壊されることになりかねない。日常的に川を流れている水の量を考えれば、それほど長いあいだ堤防が持ちこたえたことのほうが奇跡だった。

*

雨は１９２６年8月に降り始めた。激しい雨はインディアナ州からカンザス州、イリノイ州、ネブラスカ州まで、アメリカ北中西部各地で収穫に被害をもたらした。洪水が街を襲い、人々を溺れさせ、パイプラインを破壊し、作物を水浸しにした。例年なら比較的乾燥している10月に入っても雨は降り続き、イリノイ州とアイオワ州ではそれまでで最高の水位を記録した。降水は冬に入っても続いた。アメリカ気象局は、ミシシッピ川下流に流れ込む3大河川のオハイオ川、ミズーリ川、ミシシッピ川において、すべての水位計でかつてない水位が記録されていると発表した。１９２６年のクリスマス、異なる川沿いにあるテネシー州のふたつの都市、チャタヌーガとナッシュヴィルで洪水が発生した。雨の勢いは衰えなかった。5つの異なる嵐がミシシッピ川の下流一帯を襲った。それぞれがそれまでの10年のいかなる嵐よりも大きかった。1月、ペンシルヴェニア州ピッツバーグとオハイオ州シンシナティが洪水に見舞われた。2月、今度はアーカンソー州でホワイト川とリトルレッド川の堤防が決壊して洪水が発生し、5000人が家を追われた。3月の嵐では竜巻が発生してミシシッピ州で45人が死亡した。

やがて、前世紀の工学者たちがすべての防御を委ねた人工建造物が崩れ始めた。雨にくわえて雪解け水が流れ込む春は、川の氾濫という点でもっとも危険な時期である。1927年の春、オハイオ川とミズーリ川の合流地点より下流のミシシッピ川にあまりにも大量の水が流れ込んだため、水そのものがダムのような役目を果たし始めた。洪水のピークは、渋滞で連なった車のようにのろのろとしか動かなくなった。そうなると堤防にかかる圧力は増すばかりである。ミシシッピ川の下流域では、ミシシッピ川と比較的大きな支流を制御するべく設計されており、陸軍工兵隊が建設した国の「主要な」堤防だけでなく、比較的小さな支流にある地方の堤防も同じ状態に陥った。

堤防はみな堤防委員会の監督下にあった。州と地方に置かれたこの委員会はしばしば徴税権を持っており、各地域で維持管理の責任を負っていた。ミシシッピ川委員会の設立に関わる1879年の条例では、各地域に委員会を設け、堤防システムの維持管理を担うことが認められていた。そこで、洪水のピークが迫りくるなか、その堤防委員会が戦うために立ち上がった。

主要な堤防は巨大建造物だった。2〜3階建ての高さがあり、圧縮された土で建造されていて、川のおもな流れから800メートル以上も離れた場所にあった。堤防は1対3の勾配、つまり、いちばん高い場所が9メートルの堤防ならその片側が長さ27メートルにわたる傾斜によって支えられており、もっとも高い場所では幅が少なくとも約2・4メートルあった。あまりの大きさに、壊れることなどないように見えた。

しかしながら、堤防が直面するリスクは二段構えである。それは、川の圧力と付近にいる人間の悪意だ。閉じ込められた川は堤防に計り知れない圧力をかける。そして、危機にさらされた町にとって最善の防御策は、川の反対側の堤防を破壊することである。片側が壊れれば、反対側への圧力は弱くなる。そこで、まさに実社会の囚人のジレンマ（協力すれば最善の結果を得られるのに、自分の利益を選んでしまうというゲーム理論）のごとく、ある地域に危険が迫ったとき、その地域に手段があって、無謀な行動に出るほど必死で、なおかつ恥知らずだった場合に、近隣地域を浸水させて自分たちが助かる道を選ぶことがある。

したがって、堤防委員会のパトロールの目的は何よりまず、他者を犠牲にして自分の地域を守ろうとする破壊工作者を見つけて止めることだった。川のあちらこちらで十数人が警備員に撃たれて死んだ。一部は迂闊《うかつ》に近づいて犠牲になった可能性もあるが、何人もが爆発物を所持していた。決壊した堤防に人間の手による損傷があったかどうかは、洪水が過ぎ去ってから判断することは難しかった。

ミシシッピ川の終点、川がメキシコ湾に注ぐ場所にあるニューオーリンズ市は、上流で起きた決壊について知らされていた。市の有力者らは洪水の深刻さを見て取った。4月下旬、市の堤防が今にも決壊しそうな兆候を見せ始めた。ニューオーリンズは、数キロ東にあるセントバーナード教区の堤防を、堂々とダイナマイトで爆破する手段と傲慢さを持ち合わせていた。セントバーナードとプラークマイン教区では1万人を超える住民が洪水で家を追われた（ニューオーリンズはのちに破壊工作の補償金として総額15万ドルの支払いを提案した——犠牲者ひとりあたりに換算すると20ドルに満たない金額である。最終的に市は数百万ドル支払ったが、それでも市を洪水から守るためなら安いものだと考えられた）。

破壊工作の防衛に次ぐ堤防委員会の2番目の役割は、自然に漏れている場所を発見して弱い部分を補修することだった。利用可能な機械設備があまりなかった当時、それは泥を移動させるという重労働だった。

1927年の洪水で、自然災害そのものの影響よりもさらにひどい、最悪の事態が明らかになったのはそこだった。ミシシッピ氾濫原の肥沃な土地は旧南部の綿花プランテーション（大規模農園）の中心地で、1920年代になっても監督を除けば労働力は依然としてすべてアフリカ系アメリカ人であり、その労働環境は奴隷制度の時代とたいして変わっていなかった。その冬、ルイジアナ州で数人の農場主が銃を突きつけてアフリカ系アメリカ人の家族を誘拐し、ミシシッピに連れていって20ドルで売りつけた。被害者は武装した警備員に監視されながら、何週間ものあいだ無報酬で働かされた。白人の農場主はやがて起訴されたが、彼らの行動がもってのほかであることは言わずともわかる。

堤防の補強に労働力が必要になると、小作人のアフリカ系アメリカ人をその仕事に派遣するよう、プランテーションの所有者に要請が出された。それでも労働力が足りないと、働き手を補充するために、アフリカ系アメリカ人の男性がしばしば街中で突然銃を突きつけられて徴集された。冬の終わりにミシシッピ川の水位が増すにつれて、堤防では銃を持った白人の現場監督が任務にあたるようになった。彼らの役目は破壊工作を見つけ出すこと、そしてアフリカ系アメリカ人労働者が逃げ出さないようにすることだった。

堤防委員会と陸軍工兵隊は、表向きには堤防が十分持ちこたえると主張し続けた。けれども、内部報告にはそれとは逆の認識が示されている。気象局（米国立気象局の前身）は述べていた。「次の春にミシシッピ川下流が大洪水になると予想するにあたって予知能力も豊かな想像力も必要ない[6]」

冬が春に変わって洪水の危険がもっとも高い時期がやってくると、堤防の補強にさらにたくさんの人間が徴集された。3月中旬までには、堤防を守るためにミシシッピ州兵が動員された。3大支流であるホワイト川、レッド川、セントフランシス川で堤防が決壊した。4月上旬までには4000平方キロメートルを超える土地がすでに冠水していた。

4月15日、聖金曜日の豪雨とともに、ミシシッピ川下流の守りが崩れ始めた。ニューオーリンズに18時間で約380ミリの雨が降った。嵐はミシシッピ川下流の全域にかかっていた。労働者は堤防の高さを上げるために土嚢《どのう》を積み上げる作業を続けさせられた。4月16日、ミズーリ州ドリーナでついに本流の堤防が約360メートルにわたって決壊し、およそ700平方キロメートルが浸水した。その後の数日で堤防はさらに崩壊した。

4月21日、ミシシッピ州グリーンヴィル近郊のマウンズ・ランディングで最悪の事態が発生した。堤防が震え、水が滲《にじ》み出るようになった。堤防の上で働いていたアフリカ系アメリカ人は異変に気づいて逃げようとしたが、銃で脅されて強引に戻された。やがて堤防は決壊し、彼らの多くが流されて死亡した。アフリカ系アメリカ人の死者数に関心がなかった赤十字社の公式発表では、決壊による死者はわずか2名だった。

ジョン・バリーは著書『上げ潮』で当時の新聞記事を引用している。「数千人の労働者が必死で土嚢を積み上げていた（中略）そのとき堤防が崩れた。猛烈な勢いの流れにさらわれた遺体を回収することは不可能だった」とメンフィス・コマーシャル・アピール紙は報じた。「昨夜グリーンヴィルからジャクソンに避難してきた人々は（中略）国中を押し流したその大洪水で、数百人の黒人プランテーション労働者が命を落としたことは絶対にまちがいないと語った」とジャクソン・クラリオン・レジャー紙は記している。

マウンズ・ランディングでは堤防の損傷から「クレバス」（浸食が原因の裂け目）ができて、ミシシッピデルタに水があふれ出た。その裂け目から流れ出た水は、ナイアガラの滝の2倍のスピードだった。数日のうちに数万平方キロメートルが約3メートルの高さまで水に沈んだ。たくさんの人が直後に溺死したが、ほとんどは高い場所に避難した。多くの場合、その高い場所とはまだ崩れていない堤防そのものだった。西のミシシッピ州と東の浸水した自分たちの家のあいだで、幅が2・4メートルほどしかない、水に囲まれたその細長い地面の上に、数千人がひしめき合った。

冠水した農場は、幅約80キロ、長さ約160キロの地域に広がった。その地域には18万人を超える人々が暮らしていたが、ほぼ7万人が避難キャンプに行かざるをえなくなった。ニューオーリンズ・タイムズ・ピカユーン紙は、「どうか、ボートをよこしてくれ」と大見出しで書き立てた。ボートは差し向けられたが、同時に、地域の人々の心のもっとも醜い部分がむき出しになった。

ミシシッピデルタ居住者の大部分はアフリカ系アメリカ人で、その生活環境は奴隷制度の廃止から数十年経ってもあまり改善していなかった。南北戦争と再建期が過ぎても、その地域の白人は小作人制度や黒人を差別する州法を通して自分たちの権限を維持していた。投票もできず、自分で土地も所有できないアフリカ系アメリカ人の小作農は悲惨な立場に置かれていた。彼らは農場主に借金を負い、人間以下の扱いを受けていた。だが、プランテーションの経済を機能させるためにはその低賃金の労働者が不可欠だったため、農場主は彼らが出ていけないようあらゆる手を尽くした。

マウンズ・ランディングの裂け目から流れ出す水の通り道にあたったミシシッピ州グリーンヴィルでは、地元赤十字社の代表だったウィリアム・アレグザンダー・パーシーが堤防上の悲惨な状況に気づいていた。彼はあらゆるボートをかき集めて、黒人も白人も同じように避難させるよう懇願した。ところが彼の父親であるリロイ・パーシー上院議員ほか白人の有力者らがそれを覆した。ようやくボートが到着したときには、白人家族だけが乗ることを許された。アフリカ系アメリカ人は、清潔な水も、食べものも、降り続ける雨から身を守るものもないまま、その場に残された。

＊

首都ワシントンでは、カルヴィン・クーリッジ大統領が、水浸しになったアメリカ中部の「地方情勢」に連邦政府として極力関わらないよう努めていた。大統領は何か月ものあいだ支援の要請を無視していたが、マウンズ・ランディングの危機で地域が壊滅しそうになると、さすがに放置できなくなった。被災した5州の知事からは、商務長官のハーバート・フーヴァーに特別な連邦支援を率いてもらいたいと要請が届いていた。

マウンズ・ランディング決壊の翌日、4月22日、クーリッジは閣議を開き、要請を承認した。閣僚5名とアメリカ赤十字社の副会長からなる準政府委員会が設立された。[7]

フーヴァーは第一次世界大戦時の人道支援活動で広くその名を知られていた。スタンフォード大学の1期生として地質学を学んだフーヴァーは、鉱山、なかでもオーストラリアと中国で財を成した。第一次世界大戦が始まり、数千人のアメリカ人が旅行者用小切手やその他の金融資産を利用できなくなってヨーロッパで立ち往生したとき、彼は鉱山技師としてロンドンに居住していた。事態をうけて、フーヴァーはアメリカ人委員会を立ち上げ、融資を行い、帰国を手配した。その後、彼は取り組みをさらに拡大してベルギーの救援委員会を率い、大国の陸軍にはさまれた民間人に食料を届けた。アメリカが参戦すると、ウィルソン大統領はフーヴァーにアメリカ食品局の運営を任せた。同局は戦時中、国の食料供給を滞りなく維持することに成功した。その後、彼の組織はヨーロッパで数百万人に食料を配布する手助けをした。そうしてフーヴァーは終戦までに「偉大なる人道主義者」と賞賛されるようになっていた。

　フーヴァーは金儲けに対する興味を失った。本人いわく「だれにとっても十分な」[8]量を超える金をすでに稼いだのだという。戦時中の働きでよく知られていた彼は、民主党と共和党の両方から誘いをかけられた。彼は１９２０年、共和党の大統領指名候補として出馬することにしたが、選挙運動は失敗に終わった。長く国外にいたために立候補を支える十分な支持基盤がなかったのである。そこで彼はウォレン・ハーディングの支持に回り、代わりに商務長官の地位を得た。ハーディングの死後、その後継者であるカルヴィン・クーリッジ政権でもフーヴァーは商務省に残った。彼はマスメディア向けの活動を通して公衆の目に触れてはいたが、ラジオ周波数の規制や道路交通に関する会議など、関心を示せる分野はかぎられていた。1927年の初め、1928年の大統領選に出馬しそうな候補者についての記事にはフーヴァーの名前すら載っておらず[9]、たとえ名前が出たとしても共和党の重鎮らがいかに彼を嫌っているかについて書かれていた[10]。

1927年春の洪水支援の取り組みを率いたことで、フーヴァーの管理能力、工学の知識、人道主義の力が脚光を浴びた。当時はまだ連邦緊急事態管理庁、つまり多々ある仕事のなかでも特に資金の分配を専門とする組織が発足するより50年も前だった。クーリッジ大統領は支援に連邦資金を投じることを頑として拒否した。これは、災害救援は地方の、ともすれば個人の問題であって、連邦政府が全国民から集めた金をほんのひと握りのニーズに用いることは不適切であるという、アメリカで長く抱かれ続けてきた考えに基づいている。たとえば1886年、グローヴァー・クリーヴランド大統領は、干魃で打撃を受けたテキサス州の農家を助ける法案に拒否権を行使した。「憲法にそのような支出を認める正当な理由は見あたらない。全体政府の権限と義務を、公共のサービスや公共利益とはけっして適切な関係にない個人的被害の救済にまで広げるべきだとは考えない。（中略）国民は政府を支えるが、政府は国民を支えるべきではないという教えはつねに守らなければならない[11]」

当時、災害救援の媒体はアメリカ赤十字社で、その重要性からアメリカの大統領が名誉会長を務めていた。1926年、クーリッジ大統領は赤十字社の仕事を褒めたたえた。「援助はあまねく与えられている。（中略）よって、施しを受けているとは感じられないはずだ。自尊心が傷つくことはない」[12]。彼はさらに強調した。「アメリカ国民のあるべき姿、実現するためにあらゆる努力が注がれ、またおおむね達成されてもいるその礎となる在り方とは、自助、自治、自立である」。したがって、救援基金にふさわしい資金源は慈善の寄付だけである、と彼は述べた。

そこで、マウンズ・ランディングの堤防が決壊した翌日、クーリッジ大統領は赤十字社への寄付を呼びかけた。フーヴァーが統括を任された洪水救援委員会は準政府機関となり、赤十字社はその調整下に入って連携することになった。

けれども、6万7000平方キロメートルを超える土地が水に浸かり、60万人以上が家を追われていた。アメリカにはそれまで経験したことがないほど大がかりな救援活動が必要だった。まもなく、被害の規模が大きすぎて通常の寄付では十分に賄えないことがわかった。それでも大統領は連邦資金の投入を許可するつもりはないと言い続け、議論するための国会を開くことさえ拒んだ。そこでフーヴァーは資金を集めるために、商務長官時代に磨きをかけた、マスメディアを利用する方法に目を向けた。南部の被害状況を北部の住民の目に触れさせる活動を始めたのである。それが功を奏した。赤十字社への寄付は増え、1600万ドルを超えた。フーヴァーは同時に、洪水救援活動の英雄として全米で脚光を浴びるという追加の恩恵も受けることができた。

＊

話をミシシッピ州グリーンヴィルに戻そう。白人家族は浸水した企業ビルやホテルの2階へ移ったが、「有色人種キャンプ」は堤防の上に設置され、アフリカ系アメリカ人被災者はそこに住み続けた。キャンプは武装した白人の州兵に監視されていた。1万3000人の居住者が、追跡を容易にする大きな番号のついた衣類を身につけさせられた。彼らは食べものをもらうために働かなくてはならなかった。休みたいと言っただけで殴られたという事例が数多く報告されている。ワシントン郡で被災した5万人全員のための支援品がグリーンヴィルに送られた。黒人労働者が荷を下ろしたが、彼らは受け取れなかった。人種による分離は、質の高い食料や医薬品を白人被災者だけに割りあてることができるという意味だった。あるアフリカ系アメリカ人は、キャンプに食料を持ち込もうとして撃たれた。[13]

おそろしく不当な扱いだが、これらはまだ最悪の例からはほど遠く、また避難所キャンプにいたアフリカ系アメリカ人だけの問題でもなかった。5月8日、アフリカ系アメリカ人読者のための全国最大の新聞、シカゴ・ディフェンダー紙が、グリーンヴィル・キャンプの実態を暴く記事を書いた。そこでは「負債による懲役労働から逃げ出せないよう、避難民が家畜のように集められて見張られている」と表現されていた。シカゴ・トリビューン紙がその記事を取り上げて赤十字社に説明を求めた。参政権拡張論者、ソーシャルワーカー、ノーベル平和賞受賞者のジェーン・アダムズを含む名の知れた進歩主義者が、調査を行って虐待をやめさせるようフーヴァーに訴えた。この危機的な事態は、それまでフーヴァーが大切に作り上げてきたマスメディアでの印象を脅かした。

フーヴァーは訴えに応えて、歴史的に黒人の大学であるアラバマ州タスキーギ大学の学長ロバート・モートンに対し、赤十字社有色人種顧問委員会を組織して、アフリカ系アメリカ人の洪水被災者が「待遇、生活状況、労働の詳細、救援物資の問題で」虐待されているかどうかを調べるよう要請した。1927年6月14日、同委員会はフーヴァーと赤十字社に報告書の草案を提出した。そこには複数のキャンプ、特にグリーンヴィルにおいて、避難民が事実上奴隷のように強制的に働かされ、しばしば白人の監視員に殴られたりレイプされたりしているという残酷な状況が記されていた。食品の寄付のほとんどが有色人種キャンプにはまったく届いていないことも確認された。報告書の提出にあたって、モートンはフーヴァーに告げた。「適宜変更なり追加なりしてくださって結構です[14]」

フーヴァーが発表した報告書では、重要な問題がすべて控えめに扱われていた。小さな犯罪行為は取り上げられていたが[15]、それ以外は有色人種を助けるアメリカ赤十字社の活動がたたえられていた。一方、フーヴァーは非公式に、もし自分が翌年大統領に選ばれたらアフリカ系アメリカ人社会の改革を約束すると言い添えた。彼はモートンにかつてないホワイトハウスへの出入りを許可すると請け合い、破産した農場主のプランテーションを小分けにして、持ち主のいなくなった土地をアフリカ系アメリカ人の農家が所有できるようにしようとほのめかした。

それを好機ととらえたモートンは1928年、フーヴァーの立候補支援に乗り出した。南部のアフリカ系アメリカ人に本選挙の投票権はなかったが、相対的に見て当時の南部に共和党員はほとんどいなかったため、予備選挙には大きな影響を与えた。モートンとタスキーギ大学の協力を得て、アメリカ史上最大の自然災害に迅速に対応した「偉大なる人道主義者」のイメージが、ハーバート・フーヴァーを共和党大統領候補に一気に押し上げ、本選挙でも圧倒的勝利を収めた。170年前のリスボンのデ・カルヴァーリョのように、緊急事態で効果的な（あるいは効果的に見える）対応を指揮した政治家には政治的な報酬が惜しみなく与えられることを、フーヴァーは肌で感じた。

そして同じくデ・カルヴァーリョのように、フーヴァーはその機会をうまく利用して、政治的にも構造的にも長期にわたる改善策を取り入れた。何十万人もがすべてを失うという先例をみない非常事態が引き起こす不安、政府の管理下にあった堤防が洪水を止められなかったという失態、そして救援活動における個人の寄付が明らかに不十分だったという事実は、災害対応における連邦政府の役割に関する激しい議論に火をつけた。ハースト社が刊行するいくつもの銘柄の新聞がみな、国会に行動を起こすよう求める社説を掲載した。クーリッジ大統領がそれを拒むと、今度はニューヨーク・タイムズ紙が彼の自制を褒めたたえた。

それでも、多くを失った人々への支援を求める圧力は大きかった。国会は大規模援助の法案作成に乗り出した。クーリッジ大統領は猛烈に反対した。大統領は支援を連邦政府の領域外とみなしていたのにくわえて、救援の多くが利益誘導型政治になって、本当に支援を必要としている人ではなく南部の裕福な土地所有者の利益になってしまうのではないかと危惧していたのである。だが、洪水を幅広く制御する連邦政府の役割についての議論はもはや避けられなかった。アメリカが将来同じような洪水を防ぎたいと考えるなら、これまでとは大きく異なる、格段に包括的なアプローチが必要であることはだれの目にも明らかだった。

勢いに乗ったフーヴァーはそれを機に、史上最大の土木工事計画となった1928年水防法を作成した。その法案は、議員は行動を起こしていると世間に知らしめる一方で、伝統主義者に対しては、個人には施しを与えていないと主張することができるものだった。水防法を適用し、連邦政府はミシシッピ川の洪水を制御する巨大なシステムの構築に着手した。それを最後に堤防のみという陸軍工兵隊の方針は葬られ、堤防がそれ以上崩壊しないよう前もって水を迂回させて、川に水が流れ込まないようにするための貯水池と余水路が作られた。1927年の洪水対応で被災州が負担した費用は同額が補助された。そうすることで、将来同じような事態が生じても、これが先例となって必ず資金を提供しなければならなくなるような事態を避けながら、連邦政府がプロジェクトの費用全体を支給することができた。同法ではまた、万が一のちに堤防システムが壊れても、連邦政府は責任は免除されることになっていた。しかしながら、この法律には個々の被災者の支援は盛り込まれなかった。被災者の3分の2はアフリカ系アメリカ人で、彼らが幾度となく訴えた合法な主張は首都では何の影響力も持っていなかったのだ。

水防法はその施行から100年にわたって、ミシシッピ川流域の開発に向けた連邦の活動と巨額の投資、そしてまたアメリカ社会の方向性の指針となってきた。ミシシッピ川下流域はそれ以来、1927年規模の川の氾濫には一度も見舞われていない。2011年の洪水は1927年と同規模に達したものの、余水路が効果的に活用されて堤防は守られた。同法はまた、社会全体の利益のためなら地方のインフラ整備に連邦資金が利用されるという先例を作ることにもなった。そのアイデアはのちに、フランクリン・デラノ・ルーズヴェルトと、テネシー川流域開発公社や公共事業促進局などのニューディール政策においても真価を発揮した。

ルーズヴェルトもまた、大洪水の影響が大統領選で追い風になった。うわべを取り繕っただけの形で発表された有色人種顧問委員会の報告書は、白人社会の大部分に対しては避難民の虐待を隠し通せたかもしれないが、そう簡単にアフリカ系アメリカ人社会をだますことはできなかった。シカゴ・ディフェンダー紙は、1927年春にキャンプについて報道したのを皮切りに調査を重ね、問題を取り上げ続けた。同紙は夏を通して、新たな奴隷制度の域に達していると言ってもおかしくない状況を伝える避難民の話を報道した。当初、読者は有色人種委員会がそうした虐待を見落としたのだと考えて、フーヴァー長官に訴えた。だが、時間の経過とともに、フーヴァーが故意にそれらを隠していたことが明らかになった。1927年10月、ディフェンダー紙はウィリス・ジョーンズが書いたキャンプからの公開書簡を掲載した。それが読者の反響を呼んだ。

赤十字社がわたしたちを支援するはずだったことは、偶然シカゴ・ディフェンダー紙を目にするまで知りませんでした。子どもを持った女性や子どもたちがむき出しになった床やわらの上に横たわっているのに、わたしたちのためにお金や衣類が集められていたと知って、みな驚きました。衣類や食べものがほしいと頼んだとき、赤十字社からこのうえなく不親切な言葉を浴びせられていたからです。[16]

黒人でありながら自分たちの人種が再び奴隷化されているときに白人指導者に媚《こび》を売る人間がいると、公然と非難する社説が掲載された。タスキーギ大学ほど友好的ではない姿勢を取っていた全米有色人種地位向上協議会は、問題を提起し続けた。

それでも、フーヴァーは1928年にほとんどのアフリカ系アメリカ人票を獲得した。アフリカ系アメリカ人が奴隷解放宣言を行ったリンカーンの政党（共和党）以外に投票するなどありえないだろう？　だが、亀裂は入り始めていた。1928年、フーヴァーはアフリカ系アメリカ人票の15パーセントを失った。共和党の指名候補がほぼ完全な支持を得られなかったのはそれが初めてだった。

選挙が終わると、案の定、フーヴァーの約束は完全に空手形だったことが明らかになった。

モートンの要望は無視され、ミシシッピデルタの土地の再分配が話し合われることは一度もなかった。アフリカ系アメリカ人が共和党を離れることなど絶対にないと自信を持っていたフーヴァーは、約束したこと、あるいはほのめかしたことのすべてを反故《ほご》にした。

フーヴァーは自分の裏切りが引き起こす怒りの大きさを侮っていた。1932年、アフリカ系アメリカ人社会の多くの人が、ルーズヴェルトの大衆迎合的な大きな政府という言い分のほうが共和党のライバルの二枚舌よりもまだ見込みがあると判断した。1932年、ルーズヴェルトはアフリカ系アメリカ人票の3分の1しか獲得できなかったが、1936年には7割を獲得した。それ以来、共和党の指名候補がアフリカ系アメリカ人票の4割以上を得たことは一度もない。

＊

自然災害は人間のシステムを混乱させる。人間のシステムは、下水道や電気網、道路や橋、ダムや堤防など物理的に機能すると同時に、家族や友人、キリスト教会やユダヤ教会堂、市議会や立法府など社会的な役目も果たしている。そうしたシステムにはみな弱点があり、極端な自然現象はそれらに圧力をかける。崩壊はシステムのいちばん弱い部分で起こる。ミシシッピ川の場合は堤防が大きく壊れたが、もしかするとそれより重大な意味を持っていたのは、社会の崩壊だったのかもしれない。ミシシッピ川の氾濫はアメリカの社会秩序の根本に関わる弱点を暴き出した。自分たちとは異なる人々、とりわけアフリカ系アメリカ人を見下し、人間ではないかのように扱って、不当に迫害する傾向をあらわにしたのである。災害に強い地域社会を作るための最適な投資は、非常事態が起きる前に、そうした弱点を明らかにして修復することである。そのような手法をとれば、災害時にも、またそうでないときにもすべての人々の生活が改善される。

関東大震災直後の日本人による朝鮮人襲撃が示しているように、1927年のミシシッピ川の洪水に見られたような残酷で不均衡な対応はアメリカ人特有の問題ではない。人類の進化史は、自分という概念が部族の一員であるという認識から国家という概念へと発展し、さらにより広い世界へと徐々に広がっていくことだと考えられよう。こうした災害の例や今日のニュースを見ると、人類がまだ道半ばであることはすぐにわかる。

ときに災害は人間のもっとも善良な部分を表に出すことがある。マウンズ・ランディングからの激流が最初にグリーンヴィルとデルタ地帯に広がったとき、水の到達前に逃げられなかった人々が樹木の上や壊れた家の屋根に取り残された。最初に彼らを助けに向かったボートは酒の密造者のものだった。自分たちの違法行為が発覚するおそれがあったにもかかわらず、その多くが何日にもわたって生存者を探し、救出しようとした。アーカンソー州では堤防の決壊による大混乱で危機のさなかにあった4月20日、蒸気船が衝突して転覆した。サム・タッカーという名のアフリカ系アメリカ人がたったひとりで手漕ぎボートに飛び乗り、船へと向かって、男性ふたりをなんとか無事に引き上げた。

災害時の興奮が収まると、その裏に潜んでいる喪失感や絶望といったやりきれなさに直面する。自分たちの不幸の原因は偶然の確率だと考えることができない人間は、自分はどのようなまちがいを犯したのだろうかと思い悩む。家を失い、見知らぬ人の善意に頼り、破産の不安を抱え、あるいは愛する家族が亡くなると、人はだれかのせいにしたくなり、外部の人間に目を向ける。災害は人を倫理的な道しるべから切り離し、暴徒への加担など、個人行動に変化を与えることがある。災害時のもっとも深刻な脅威は人間性に対するものだと、わたしたちは心に刻んでおかなければならない。

# 第7章 天の不調和
## 中国、唐山、1976年

天と地の調和が乱れると、陰と陽の均衡が崩れて異常な現象が生まれる。
——董仲舒、紀元前150年ごろ

わたしが初めて北京を見たのは、1979年2月、24歳の誕生日の1週間後だった。飛行機を降りるとそこは色彩のない街だった。屋外掲示板には、「人民に奉仕せよ」「修正主義に抵抗せよ」と毛沢東直筆の標語があるだけだった。中国はまさに文化大革命からの回復途上にあった。だれもが紺色か灰色の人民服を着ていた。ひとりの女性の色のついたスカーフがもっとも大胆な装いだった。春がきて、木々が街の空を緑色に染めても、地面に青々とした草は生えていなかった。虫がつくからと、市民は草を抜くよう求められていたのだ。

その冬の日にわたしが北京を訪れたのは、1949年に中国で革命が起きて以来初めての、アメリカと中国の学術交流に参加するためだった。わたしはマサチューセッツ工科大学（MIT）

で地震学を学ぶ大学院生だったが、台湾の台北《タイペイ》に2年ほどいたことがあって流暢《りゅうちょう》に中国語を話せた。わたしの研究計画は、中国政府が予知に成功して数千人の命を救ったと主張している1975年に発生したマグニチュード7・3の海城地震を調査することだった。わたしにはもうひとつ、予知されずに数十万人の命が奪われた1976年の唐山《とうざん》地震で何が起きたのかを理解するという、それほど公式ではない目的があった。真実はどうなのか？　地震の予知は本当に可能なのだろうか？

地震学は日本で誕生して以来、大きな発展を遂げていた。アメリカは1963年の核実験禁止条約が守られているかどうかを監視しようと、世界各地に設置された120の地震観測所をつなぐ世界標準地震計観測網を作り上げていた。目的は、ちょうどマグニチュード5・5の地震とほぼ同じ威力を持つ、禁止されている150キロトンという制限を超えた地下核実験が行われていないかどうかを確実に監視することだった。裏を返せばそれは、世界各地のマグニチュード5・5以上の地震がすべて記録されるということである。そして何より重要なことに、そのデータは機密扱いではなかった。地震学の専門家はすべてが収められたマイクロフィルムをまとめて購入できた。

そのデータが世界の解釈を変えた。地震は地球のあちらこちらにある、きわめて狭い帯状の場所で発生しており、その帯状の場所が測深（水の深さの計測）や海底に残っている磁気――第二次世界対戦時の海軍のデータ――と関連しているようすがわかるようになった。それらが

1960年代に地球科学を根本から覆したプレート理論革命の要となった。地球の層のもっとも外側にあるリソスフィア（岩石圏）と呼ばれる部分が、世界に十数個ほど存在する大きなプレートに分かれていることが判明した。そうしたプレートは1年にわずか数センチほどの非常にゆっくりとしたスピードで動いている。世界の地震のほとんどは、たがいにこすり合わされる、そのプレートの端で生じていたのである。

ただし、中国は例外だった。中国付近にあるプレート境界は、日本沖の沈み込み帯がある東側と、インド大陸がヒマラヤ山脈を押し上げ、アジアへ向かって北に移動している南側だけだと考えられた。それにもかかわらず、中国は頻繁な地震に悩まされており、人口密度が高いこともあってその多くが史上最大級の死者を出している。プレート理論のモデルが確立されつつあるなかで、中国だけがそれにあてはまらないように見えた。なぜ中国各地で地震が発生するのか？プレートの境界はどこにあるのか？

最初の答えは、若きアメリカ人地震学者ピーター・モルナーとフランス人地質学者ポール・タポニエが書いた1975年の独創的な論文にあった。[1] 当時ピーターはMITの助教で、ポールは博士研究員としてピーターと共同で研究するためにMITを訪れていた。論文によれば、北に向かってゆっくり動いているインド大陸はヒマラヤ山脈を押し上げているだけでなく、中国を東側へ押し出そうとしているのである。重い岩は軽い岩より持ち上げるときに多くの力を必要とするが、それと同じように、山々が高くなるにつれて、それを上へ押し上げ続けるためにはより多くのエネルギーが必要になる。重力に逆らって持ち上げなければならない岩の量が増えるためだ。地球の歴史上のどこかでヒマラヤ山脈があまりにも高くなり、それを押し上げ続けるよりも中国が乗っている大地を東へ押し出すほうがエネルギーが少なくてすむようになった。チベットを上と東へ押し、中国を日本海へと押し出す、固着した長い断層が形成された。その結果として生じる地震は中国西部のチベット高原、新疆《しんきょう》、青海省《せいかい》に多いが、東へと広がって北部区域に達することもある。

わたしはその論文が出た直後、大学院に出願したときにピーターとポールに出会った。ピーターは1975年の海城地震を調べる調査チームの一員で、本当にそれが予知されたのか、予知されたのならその方法は何かということを知りたがっていた。MITに出したわたしの学歴に中国語と物理学の学位があるのを見て、ピーターはそれをチャンスだと考えた。もしMITにきてくれるなら、どんなことをしても中国に行けるようにしてあげようと、ピーターはわたしに告げた。わたしはただちにほかの大学院への出願を取り消した。

*

1975年2月4日に海城地震が発生したとき、中国はまだ文化大革命で混乱していた。1949年に共産主義者による革命が成功してからずっと、中国では動乱の時代が続いていた。

共産党が支配する中華人民共和国は世界のほとんどの政府に承認されず、当初中国はソ連の経済援助に大きく頼っていた。蒋介石《しょうかいせき》と中国国民党を追い出すことに成功した毛沢東《もうたくとう》主席は、中国社会の改革がなかなか進まず、いつまでもソ連の影響下にあることに業を煮やしていた。中国はソ連の社会主義を超えて真の共産主義へと飛躍し、社会は1875年にカール・マルクスが提唱した労働と資金の分配――「能力に応じて働き、必要に応じて受け取る」――を実践することになる。世界にそれを知らしめようと、彼は大躍進政策に着手した。

結果は惨憺たるありさまだった。[2] 本書で取り上げているどの自然災害よりも多くの人が、2年のあいだに飢餓で死んだ。強制的な集団農場化は懸命に働こうとする気力を奪った。農業労働は労働力の寄付であり、働いても働かなくても食べられる。そのため人類史上最悪の飢饉が起き、少なくとも2000万人、場合によっては3000万人もが命を落とした。1963年に中国で死亡した人の半数以上が10歳以下だった。あまりに多くの命が失われたため、共産党中央委員会の委員らが、毛沢東が言うところの純粋な共産主義という壮大な構想から人々を守ろうと、毛沢東から権力を奪った。

それでも、個人崇拝をめぐるプロパガンダの効果は捨てがたく、党は毛沢東を「偉大なるかじ取り」として宣伝し続けた。なにしろ2000年ものあいだ、中国には皇帝がいたのである。「東方紅」は革命の非公式な国歌になった。その歌詞のおおよその意味はこうだ。「東の空が赤く染まり、太陽が昇るように、中国に毛沢東が現れた。彼は人民に幸せをもたらす、人民を導く偉大なる星だ」。このプロパガンダで育った中国の若い国民は、毛沢東の命令があればいつでも動こうと意気込んでいた。そして毛沢東は、自分の権力を取り戻すために、若者をおそろしい兵器に仕立て上げた。

1966~76年、毛沢東による文化大革命の10年間は、多くの人にとって恐怖政治の時代だった。若者が親や教師に反発し、攻撃が奨励されることもたびたびで、暴力が振るわれることさえあった。公の「批判大会」が開かれて、犠牲者が公衆の面前で辱められ、紅衛兵となった子どもたちに向かって土下座を強要されたあげく、棒や鎖で打たれた。あらゆるレベルで多くの共産党指導者が監禁されて殺された。10代の紅衛兵が国中を歩き回っては、知的すぎる、控えめすぎる、怪しすぎると思われる地元住民への攻撃に加担した。1930年代に日本の教育を受けた、あるいは何十年も前に国家主義政府で働いた親戚がいただけで襲撃されることもあった。学校や大学は閉鎖され、その世代の子ども全体が何年にもわたって教育を受ける機会を奪われた。これらに代表されるような人生のあらゆる面での混乱の大きさは、そこにいなかった者にはとうてい理解できない。わたしが調査をした中国地震局（当時は国家地震局）では、もっとも若い中国人科学者が36歳だった。革命が始まる直前の1966年に大学院を終えた人たちだったのだ。

文化大革命のイデオロギーは党のエリートを非難するものだったが、きわめて強力な反知性主義の要素も伴っていた。中華人民共和国の形成初期には、8つのカテゴリーが人民の敵として掲げられていた。それらは地主、富農、反革命分子、「悪質分子」（犯罪の傾向がある人の一般的なカテゴリー）、右派、裏切り者、外国のスパイ、そして「走資派」（資本主義を信じる人）である。毛沢東は文化大革命で、９つめのカテゴリーとして知識人を加えた。彼らは、「悪臭」とも「傲慢」とも取れる言葉をかけて「臭老九《しゅうろうきゅう》」と呼ばれた。研究者、科学者、教員の多くが辱めを受け、痛めつけられた。知的な仕事をした罪で殺されることさえあった。

その文化大革命の恐怖が中国の地震予知研究の発端となった。１９６６年3月、文化大革命が形になり始めたばかりのころ、河北《かほく》省邢台《けいだい》市近郊で地震が連続で発生した。その一連の地震はマグニチュード６・８から始まり、マグニチュード６の地震がいくつか続いた数週間後、最後にマグニチュード７・２になった。公式な発表では合わせて８０６４人が死亡、およそ３００キロ離れた北京でも被害を出した。震源地域を訪問した周恩来《しゅうおんらい》首相は、将来的に中国国民の犠牲者を出すことがないよう地震予知の研究を地球科学者に命じた。

西側諸国は、不可能だと思われる地震予知の問題には本気で関心を抱いていなかった。カリフォルニア工科大学のチャールズ・リヒター博士は、地震を予知するのは愚か者と詐欺師だけだと述べたことでよく知られている。けれども、中国の石油鉱床を発見する取り組みを率い、エネルギー供給で自立する手段を実現させたことで有名な中国の地質学者、李四光《りしこう》博士が地震予知の取り組みに名を連ねると、計画は急速に前に進んだ。

そのような取り組みを始めた周恩来首相の動機をすべて知ることは不可能である。わたしが交流した科学者の多くは、地震予知は、文化大革命という最悪の惨事から少なくとも一部の知的資源を保護するための、周恩来の巧妙な一手だったと考えていた。もしかすると周恩来に先見の明があって、知識人への攻撃は中国の未来を損なうおそれがあると考えたのかもしれない。地震予知計画というものを創設すれば、科学者を働かせ、毛沢東による再教育施設への移送を免除する理由ができる。わたしとともに調査したある科学者は、立ち聞きされる心配のない電車の車内で、自分は1966年まで中生代地質学（6500万年から2億2500万年前の地質学史）が専門だったが、文化大革命とともに「突然、地震に興味が湧いた」のだと語った。それが唯一の安全な道だったのである。

この計画を通して、さまざまな分野の知識人が保護された。中国史や古典の学者は、4000年前ごろまでさかのぼる地震記録を分類するために、保管されていた歴史記録に没頭した。皇帝時代の官吏による綿密な記録から引き出されたその資料は、世界最長の地震記録であり、たいへん貴重な科学資源となっている。研究者らの仕事は正当なものとして認可されていたとはいえ、彼らは研究のためにチベットへ送られた。そのチームの一員だった地震学者は、そのおかげで政治的な混乱のなかで目立たないようにしていられたとわたしに語った。周恩来の保護もそれが限界だった。その地震学者は父親が政治犯だったため、その家族歴から自分はきっと標的になると、恐怖にかられて研究チームに志願したと述べた。

予知計画を進めた中国の科学者は、西洋人と同じ根本的な問題に直面した。それは地震発生のまったくの偶然性である。予知の基準となるようなすぐれた理論モデルはひとつもなかった。けれども、再教育以外にほかの選択肢がない科学者は、思いつくかぎりすべてを試みた。地震の観測には一連の地震計が用いられ、紙に記録されたものが毎日読み取られた。ほかにも、地面の傾き、地電流（地面のなかの電流）、地下水の化学変化や濁りを測定する計器が開発され、配置された。

科学者は自分たちを取り巻く政治の嵐のなかでかじ取りをしなければならなかった。彼らは自分たちが「臭老九」でないことを示すため、現在では市民科学と呼ばれるデータ収集手法を用いた。農場の小作農が異常現象を報告するよう求められた。具体的には、井戸水の上昇や低下、濁り、あるいは普段とは異なるにおいといった地下水の変化である。動物の異常行動も注目された。科学者はまた、地震とその原因について一般の人々に知識を与える場も設けた。地震は政府の陰陽バランスに問題があるために発生するという広く信じられていた迷信が、中国の地震に対する取り組みを妨げていると、彼らは感じていた。

これらの取り組みはちょうど地震が活発な時期に行われていた。1966年の邢台地震は中国東北部で起きた連続地震の始まりだった。マグニチュード6・3の1967年河間《かかん》地震とマグニチュード7・4の1969年渤海《ぼっかい》地震からは、地震が中国東北部（朝鮮半島の隣にある3省）に向かって北東方向へ移動していることが示唆された。この種の群発地震ではたいてい大地震は起きないが、1930年代と1940年代のトルコのように、過去の群発地震で被害が発生するような地震が引き起こされたこともあり、科学者たちはこの連続地震に神経をとがらせていた。

１９７１年、文化大革命による最悪の混乱が収まると、中国地震局が設立された。地質学、地球物理学、生物学の３つの研究機関が北京に設けられ、各省にも地震局が置かれた。地震局では年に一度会議が開かれ、北京の研究者と各省の代表が一堂に集まって、翌年に地震活動が懸念される場所について話し合った。

　中国東北部、なかでも遼寧《りょうねい》省は必ずその一覧に挙がっていた。大地震の移動だけが科学者が頼れるほぼ唯一の具体的な現象であり、中国東北部の３つの省はその通り道にあったためだ。そこで、遼寧省に計器が設置され、１９７４年、省の職員が地面の傾きと電流の監視を始めた。すると、通常とは異なる現象が見つかった。たとえばその夏、いくつもの場

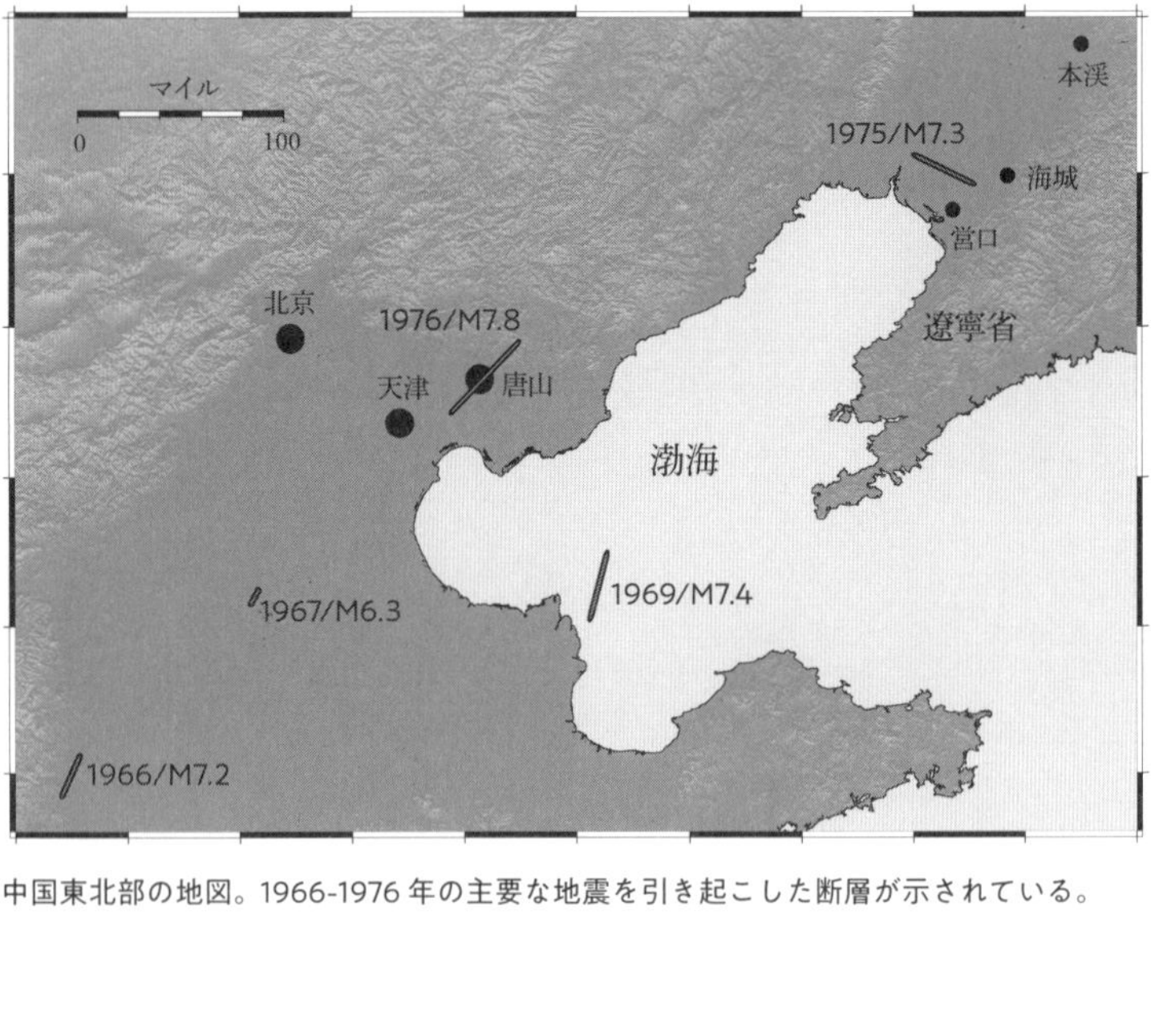


中国東北部の地図。1966-1976 年の主要な地震を引き起こした断層が示されている。

所で同じ方向に地面が大きく傾いているように見えた。年会議ではそれが懸念材料として報告された。同じ現象は毎夏続いた。当時、科学者には背景知識も、比較に必要な信頼できるデータもなかった。彼らが得たデータが地震発生の予兆ではなく、灌漑のために地下水を汲み上げた結果生じたデータだったと判明したのはのちになってからだった。

1974～75年の冬に入り、地震局の科学者は神経質になっていた。データは記録されても読み解く方法はわからず、地震が移動していることはわかっていても次の場所を推測するための基準がなかった。そして、彼らは大地震を見落としてしまった場合を死ぬほどおそれていた。12月、遼寧省本渓《ほんけい》の近くで小さな地震が多発し、12月22日に最大規模のマグニチュード5・2を記録した。その規模の地震は珍しく[3]、大きな不安を生んだ。それから2週間、いくつもの異なる場所で地元の地震局がさまざまな予測を発表した。ほとんどはそのマグニチュード5・2の震源地周辺だった。場所によっては、建物の崩壊をおそれた人々が数日のあいだ外で寝泊まりした。群発地震が収まるにつれて警報は取り下げられた。週間報告は継続して届けられた。しばしば動物の異常行動が認められた。けれども、そうした報告は土曜の午後に集中しており[4]、政治会合が開かれる日と一致しているように思われた。労働者に異常現象の報告を促す政治会合が土曜の午前中に定期的に開催されていたのである。

1975年2月1日、再び小さな地震が多発し始めた。2月4日の朝、海城付近で12時間に500回を超える地震が発生し、マグニチュード4・7の地震で被害が出ると、大混乱が起きた。多くの人が政府の発表を待たずに自主的に避難した[5]（発表そのものも、1975年中国農村部の遅い情報伝達方法に頼っていた）。前震と推定される地震を記録した石硼峪《せきほうよく》の観測所が地元の町の幹部に連絡を取り、その晩に大きな本震がくると告げた。地域の映画館は人々に家から離れてもらおうと夜通し屋外で映画を上映することに決めた。以前から地震に対する備えを積極的に進めていた営口《えいこう》県の職員は、公式に避難を呼びかけた。

2月4日の晩、最終的にマグニチュード7・3の海城地震が発生したときには、そうしたいくつかの行動のおかげで人命が守られた。営口県の県都には7万2000人の居住者がいた。建物の3分の2は倒壊したが、死者は21人だけだった。石硼峪では映画を上映していたときに地震が発生したため、観客は全員命拾いをした。軍の指導者の訪問に合わせて演奏会が計画されていたが中止され、劇場から人々が脱出した数分後、地震が襲った。

けれども、避難は一様ではなく、省単位では何も行われなかった。隣接する海城県では積極的な避難活動が実施されなかったため多くの死者が出た。崩壊した1000部屋あたりの最終的な犠牲者の数は、海城県では30人だったのに対し、営口ではわずか11人だった[6]。

命を救ったとなれば、政治的報酬が得られることはまちがいない。毛沢東主席の甥である毛遠《もうえん》新《しん》は遼寧省革命委員会の高官だった。避難を主導した各県ではなく、彼の省が成功の手柄を横取りした。国民に教育と安心と安定を与えることを拒む文化大革命が何年も続き、権力を維持することが難しくなってきた左派にとって、自然界さえも党の意志の前にひれ伏すという考え方は捨て置くことなどできない絶好の成功物語だった。中国以外の世界が予知は不可能だと考えていたときに、中国の科学者が海城地震の予知に成功したとあれば、怯えながら憤慨している大衆に対する左派の印象がよくなる。成功は国中で宣伝された。中国は地震予知の問題を解決したのだ。

当然のことながら、科学者はそうではないと知っていた。たくさんの前震を観測できたのは幸運だっただけだ。同じ偉業を繰り返せる保証はまったくなかった。

*

翌年の1976年7月28日、マグニチュード7・8の地震が唐山を襲った。150万人が暮らすその都市は石炭の街だった。炭鉱は市内最大の雇用の場であり、国の産業になくてはならないものとして3交代制で24時間操業していた。一帯に大きな断層が見つかっていなかったため、唐山は地震の危険性は低いとみなされていた。耐震には事実上いっさい注意を払うことなく、街が築かれていた。

ところが、市中心部の直下に断層があった。それほど大きな断層ではなく、地表にあまりはっきりと表れていなかったうえ、地質学者が一帯を調査する前に街がすでに作られていた。20世紀の混乱のなかで、中国には国の地震の可能性について系統立った調査を行う時間も関心もなく、多くの断層が気づかれないまま放置されていた。そして1923年の東京と同じように、都市直下の断層では、まさに建物が密集している場所できわめて強い揺れが起こる。

その地域には絶望的なほど備えがなかった。唐山のほぼすべての家屋が古いレンガ造りか、安価に建てられた多層階の集合住宅だった。さらに悪いことに、地震が早朝に発生したため、炭鉱の夜勤で働く人を除けば、だれもがその危ない家々で眠っていた。

わたしの家族の知人は唐山出身だが1976年には香港に住んでいた。知人の母親と5人の兄弟を含む親族は唐山に残っていた。親族はいくつかの10階建ての新しい集合住宅で暮らしていた。地震の前日、体調を崩した母親は集合住宅の1階にある診療所に入った。病気のせいで眠れなかった母親は午前3時42分に揺れが始まったときも起きていた。逃げ出そうと走ってドアに向かったがつかえて開かなかったため、窓から脱出した。外にいた母親の目の前で10階すべてが崩れ、母親は家族のほぼ全員を失った。小学生のふたりの孫娘は地震で建物が崩壊して、7階の部屋ごと地面に落ちていくときに目を覚ました。ふたりはがれきに埋まってベッドから出られなくなったが、頭を保護し、崩壊が収まったら自分の周りに空気のすきまを作るよう学校で習っていた。少女らは骨折していたが、2日後奇跡的に救出された。その晩唐山にいた残りの親族は全員が死亡した。

唐山を引き裂いた地震被害の全容をまとめることは不可能である。最初の数か月は、市民の半数にあたる75万人が死亡したという情報が流れていた。河北省革命委員会は当初、死者を65万5000人と発表した。1980年代の初めごろまでに、公式な死者数は24万2000人まで下方修正された。実際の死者数はおそらく永久にわからないだろう。わたしが1979年に中国にいたとき、唐山はまだ外国人には完全に閉ざされたままだったが、そこで働いていた人によれば、地震で持ちこたえた建物は市全体でわずか2棟だったという。

ほぼすべての建物が破壊され、数え切れないほどの命が奪われてしまっては、通常の生活が再開するはずもなかった。何日ものあいだ、生存者はほかの生存者をがれきのなかから救い出そうと懸命に努力した。北京の政府は地震があったことは知っていた。数百キロしか離れていないうえ、北京も被害を受けていた。しかしながら政府は混乱状態にあった。毛沢東は瀕死の状態だった。交通や通信が遮断されていたため、地震への対応を準備するまでに何日もかかった。食料と水を被災者に届けることは困難だとわかった。すでに必要最低限のものを欠いていた被災地で住民は餓死した。[7]

多くの人と比べて比較的恵まれていた集団は、夜勤で働いていた坑夫たちだった。断層の動きで地下水の流れが変わったために炭鉱の一部が浸水した。けれどもトンネルの崩壊はなく、ひとりの坑夫も死ななかった。一見これは驚くべきことのように思われるが、じつは地震でトンネルが損壊することはきわめてまれである。ふたつの理由からそれがわかる。ひとつには、地下における地震の揺れの振幅は地表の半分でしかない。地震波が地球の表面にあたるとそれが下向きに跳ね返り、その反射波もまた揺れを生じさせる。したがって、地表では動きが地面のなかの2倍になるのである。また、トンネルはたいてい断面が円形または楕円形であり、それらはきわめて安定した形状だ。

大きな余震がその地域を揺るがし続けた。1000万人が暮らす天津は100キロ弱しか離れておらず、強い余震の被害を受けた。市政府は地震局に対し、地震学者を派遣して余震を予知するよう命じた。専門家はその仕事が科学的にも政治的にも危険をはらんでいると理解していた。自分が任命されないよう、だれもができるかぎりの手を打った。

貧乏くじを引いた地震学者は、地球物理学研究所のもっとも若い研究者で、文化大革命で大学が閉鎖される直前に雇われた最後の研究員だった。ここではラオ・ジャンと呼ぶことにする。彼女は減衰をチェックして、余震とその後の余震の予想確率について、日ごと、また週ごとに報告した。本震からほぼ1年が経過して、ラオ・ジャンはついに、マグニチュード6より大きな地震は発生しないと思われると市政府に報告した。だが、「思われる」は受け入れられないと告げられた。「発生する」か「しない」かのどちらかで答えなければならない。彼女は「しない」を選んだ。1979年、ラオ・ジャンはわたしにこの話をしながら、その後2年間はまちがっていたらどうしようと怯えながら暮らしていたと語った。

地震局の科学者は、唐山は予知できなかったと率直に認めた。予兆はまったくなかった。1976年初頭の年次予知会議で、中国の科学者は、海城地震によってその地域で次の大地震が発生するリスクが減少したのか、それとも増大したのかについて議論した。地震の移動パターンはそのパターンが収束するまでリスクを増大する——とはいえ、どうすればその時期がわかるのだろう？　結局、彼らはその年に地震が起きる可能性のある地域リストに中国東北部を含めたものの、特別に可能性が高い場所は示さなかった。

わたしとともに調査を行っていた地質学者――中生代の構造から地震の研究に鞍替えした人物――は、唐山についてある話を教えてくれた。彼によれば、地震の前日、河北省地震局に唐山付近の複数の井戸で異常が見られると報告が届いた。いくつかは自噴した。つまり水位が上昇したために水が泉のように井戸から流れ出したのである。この現象はいくつもの理由から自然発生する可能性がある。それでも、どのみち唐山を通り抜ける予定だったふたりの地震局の科学者が、立ち寄って調査するよう命じられた。ふたりは夜遅く唐山に到着し、翌日調査しようとホステルに宿泊した。ホステルは地震で倒壊し、科学者はふたりとも死亡した。わたしは地震がなくても井戸の自噴が報告される頻度を尋ねた。よくあることだと彼は答えた。

＊

政治と科学の世界が真に融合し始めたのは、地震から2か月後のことだった。中国の政治は日本以上に、儒教政治を陰陽の神秘主義と結合させた紀元前2世紀の学者、董仲舒の哲学に根ざしていた。その後２０００年経ってもなお、野心のある学者が政府に入るためには董仲舒の学問を含む古典の試験に合格しなければならなかった。「天命」によって皇帝の支配は正しいものであると認められる。自然災害は天命が取り消された証である。自然災害後に皇帝が自己批判の布告を出すという董仲舒の訓戒は、1911年に皇帝政が終わるまでずっと標準的な慣行だった。[8] 皇帝の勅令や学者上がりの国の官僚は共産党員によって一掃されたかもしれない。けれども深く根づいた神秘主義が一夜で変わることはない。

あからさまに民衆の賞賛を集めることに精を出していた毛沢東は、かつては皇帝のものだったその文化的な役割を担っていた。唐山地震発生時、毛沢東主席は臨終を迎えていた。医師団が紫禁城に移動し、本人は4月から姿を見せていなかった。何より、毛沢東は地震直後に唐山を訪問しなかった。彼の病気に関するうわさはすでに国中で渦巻いていた。それらが地震にまつわる広く普及した迷信と結びつけられた。地震について、古典の文章は明確だった。皇帝の死（あるいは差し迫った死）は地震をもたらす。

1976年8月、台湾の新聞が、唐山地震は毛沢東の死が近いことを示す予兆だと述べて、地震との関連性を公言した。地震の予知に対する不信感と、陰陽の均衡を回復させるためには一度の地震では不十分かもしれないという思いにはさまれて、中国全土に地震パニックが広がった。省地震局の半数が予知情報を出した。海城地震の前と同じように、いや、むしろそれ以上の人々が、自主的に建物の外で過ごすことを選んだ。わたしの同僚によれば、1976年8月には5億人もの人が外で寝泊まりしていた可能性がある。8月16日に四川省の山岳地でマグニチュード7・2の地震が発生したとき、中国最大である同省のおよそ1億人の居住者はすでに屋外で暮らしていた。そうしていたおかげで命拾いしたのは、その1億人のうち、震源地付近に住んでいたほんのわずかな人々だけだっただろう。けれどもその地震がさらに不安と疑念をかきたてた。

9月9日に毛沢東が死去すると権力闘争が始まった。毛沢東の妻だった江青《こうせい》を頂点とする文化大革命を実行した左派と、それより穏健な共産党員のあいだで、死の直後から主導権争いが起きた。当時の状況を解析する本は数多く執筆されている。[9] 毛沢東の死からひと月後、穏健派のクーデターにより、「四人組」と呼ばれていた江青とほかの3人が逮捕された。多くの省や大都市で左派の支持が厚かったにもかかわらず、穏健派の行動は迅速かつ巧妙で、四人組は血を流すことなく捕らえられた。おそらく、唐山地震への対応が左派の急速な失墜に一役買ったのだろう。

唐山地震は、董仲舒のほかの警告にもいくつかあてはまった。死期の迫った皇帝にくわえて、陰が過剰になるおもな原因はさらにふたつあり、大臣が皇帝の権限を侵害した場合と、政府に女性が入った場合だと言われていた。四人組はその両方で告発された。告発状では、同左派集団が毛沢東の名と地位を利用して自分たちの目的を達成しようとしたと訴えられた。また、江青の告発状では[10]毛沢東との関係で露骨な性的魅力、つまり女性であることを利用した策略が用いられたと強調された。これはむろん、女性に対する根深い文化的偏見につけ込んだもので、自然災害とはいっさい関係ない。けれども、訴追にあたって、陰が不均衡を招いた明らかな証拠としてそれを挙げても損はなかった。

唐山地震の原因として四人組が公式に非難されることはけっしてなかった。共産党はそうした迷信のたぐいを消すことに躍起になっていた。それでも党はそれとなく地震との結びつきをほのめかそうと、告発状に董仲舒の専門書から言葉を引用した。一般の人々が心の底で何を考えていたのかは明らかである。大地震が起きるとたいていは被災した同じ地域でさらに地震が起きるといううわさが流れる。余震が多発するのだから、それはもっともなことである。しかしながら、1976年の中国のような5億人もの集団自主避難は先例がない。唐山から遠い地域も含めて国内各地で発生したその行動は、昔からの迷信に基づいていたのである。

1979年にわたしが北京にいたとき、四人組は勾留されていたが裁判はまだ始まっていなかった。北京にいたわずか35人のアメリカ人のひとりで最初の科学者だったわたしは珍しい存在だった。中国の人々に完全に自由に話しかけることはできなかったが、居住区、レストラン、タクシーなどを含めて、地震学者として仕事上の会話をする機会はたくさんあった。政府の地震予知能力が広く信じられていたことにわたしは驚いた。ある運転手は、党が警告を出してくれるのでもう地震を心配する必要はないと誇らしげに語った。では、唐山は？　わたしは尋ねた。わたしが話しかけた、科学者以外の大部分の人々と同じように、唐山は予知されていたけれども四人組が地震学者にそれを公表させなかったのだと彼は言い切った。毛沢東の権限を侵害し、政府を乗っ取ろうとして地震を引き起こしてしまったと、だれにも言われたくなかったからだ。彼はそう言った。

中国から戻ったわたしの地震予知に対する考え方はすっかり変わっていた。海城地震の前震に関する物理学的な調査を終えてみると、実際には前震が本震の発生を遅らせていたことがわかった（そのため前震を判別する方法――ほかの地震とは異なって見える特徴――がわかるかもしれないと期待されたが、見つからなかった）。わたしはまた、地震予知とは本質的に科学の問題ではないという考えにいたった。少なくとも、科学だけの問題ではない。

*

災害が発生するタイミングは本来偶然だが、明らかな例外がひとつある。それはひとつの地震が別の地震のきっかけになる場合だ。１００年以上も前に大森が初めてそれを数値化した。けれども、地球そのものはこれが余震だとはっきり定義しているわけではない。だいたいにおいて、余震は本震より小さい。けれども確率分布の中心から離れた端のほうにあたる5パーセントの確率で、本震より大きい余震が発生する。同様に、ほとんどの余震は時間的にも空間的にも本震近くで発生するが、中国東北部に見られたように、ときに多くの大地震を含む長期の群発地震が起きることもある。

わたしが北京を訪れたとき、こうした解釈はまだ発展途上にあった。中国の科学者は予知についてわたしたちと同じくらいの知識しか持っていなかった。けれども彼らはわたしたちとは異なり、アメリカの科学者ならけっして行わないような推測に基づく行動を取らざるをえない政治環境に置かれていた。地震予知の恩恵を大きく受ける貧弱な建造物が多く、また誤報を出しても悪影響が少ない農業主体の中国農村部では、たとえ推測でも価値があっただろう。地震よりも交通事故死者のほうが多く、避難にかかる経済費用が圧倒的に高く、報道の自由によって一般市民の認識が表明されるアメリカでは、誤報に対する政治的不利益が非常に大きい。したがって、同じ情報であっても行動に移しにくい。

わたしはその後10年かけて、ひとつの地震が別の地震を引き起こす確率を数値化しようと試みた。科学者が地震の情報を収集して解釈し、それを確率に置き換えて、政策決定者や緊急事態管理者に渡せば、彼らが考慮すべき社会、政治、文化の事情を組み入れて、どのような行動を起こすべきかを決めてくれるだろうと、わたしは思っていた。今となっては、確率だけをもとに判断を下すことができるなどと考えたのは世間知らずだったとしか言いようがない。25年後、その教訓が生かされた。

# 第8章　国境なき災害
## インド洋、2004年

人はだれもが、異なる世界へと開く新たな扉だ。

――ジョン・グエア、『6次の隔たり［*Six Degrees of Separation*］』

科学研究でもっとも重要な教えのひとつは、いちばんだまされやすいのは自分自身だと知っておくことである。科学者を含む人間はみな確証バイアスに陥りやすい。つまり、自分がすでに考えていることを裏づける情報はあまり批判しないが、反するデータには厳しい目を向ける。科学の手順のなかでも特に査読は、研究者がデータを明確にとらえていないときにそれを認識できるようサポートする目的で生まれた。査読とは、研究者の知識の結晶であり努力の成果でもある研究を差し出して、同僚、ときには競争相手の手に委ね、隅々までひっくり返して欠陥を見つけ出してくれるよう頼み、どこでまちがえたのかを教えてもらうことである。ときにそれが精神的につらすぎて、博士号を取得したばかりの多くの人が研究以外の仕事に就こうと決めてしまう。そこが、偽りのない真実を突き止めるために必要なこの手続きの残念な欠点である。

仕事の成果が頻繁にずたずたに引き裂かれるため、科学者は自分の意見を主張するときにきわめて慎重になる傾向がある。すべての背景を列挙して実験全体を詳細に説明し終えるまで、絶対に結果は提示しない。また、あいまいな修飾語は避ける。もしわたしが「これは大きい地震だ」と述べようものなら、同僚がすぐに、実際それはほかの地震ほど「大きい」とは言えない、あるいは地盤増幅を考慮しない場合にのみ「大きい」と言える、もしくは古地震の記録を考慮すべきではない……などと指摘するはずだ。つまり「大きい」の意味を正確に定義して初めて「大きい」と言えるのである。

災害のたびに、科学者は「これは『巨大地震』か?」と問われる（これこそがいつか起きると言われている巨大地震なのかという質問がいつも含まれていると思われる）。その問いに答える、すなわち災害を分析して比較するためには、さまざまな地震の差異を数値化する手段が必要だ。そこで科学者はそれぞれの分野で、計測可能かつ明白な数量に基づく、事象の相対的な大きさを分類する手法を考え出した。ハリケーンを分類するには最大風速を測るサファ・シンプソン・スケールと竜巻の藤田スケールが用いられる。火山には噴出した物質の量、高さ、期間によって定義される火山爆発指数がある（これは0から8の尺度で、西暦79年のヴェスヴィオ山は5、1783年のラキ山は6である）。洪水だけが発生確率で分類される唯一の自然災害で、100年に一度の洪水とは、ある年に発生する可能性が100回に1回という意味である。地震については、地震学者がひとつの事象で放出される総エネルギーを表すマグニチュードを作った。

それぞれの尺度は物理的な測定に基づくもので、同僚に対して正当性を主張でき、また一般市民に説明するときにわかりやすいようシンプルな数字に置き換えられている。けれども、いずれも個人が経験する被害の度合いを示すものではない。破壊は数値化が難しく、恐怖は計測不可能だ。科学者というものは、きちんと定義され、物理的で、数値化の可能な世界にいるほうがはるかに気が休まる。

そして、そうした物理的な測定はまちがってはいない。それらはなすべきことをなしている。つまり、世界で起きていることを物理的に定義している。問題はだれかが「これは『巨大地震』か？」と尋ねるとき、質問している人が用いている人間としての言葉と、答える科学者が用いている物理的作用としての言葉の意味が乖離していることなのである。

それでも、ときにその物理と人間が一致することがある。それは巨大地震が本当に『巨大地震』であるときだ。

２００４年12月26日、インドネシアのスマトラ島西岸を襲ったマグニチュード９・１の地震と津波はまさにそのような事象だった。その物理的な大きさはかつてないものだった。地震で動いた断層の長さは約１４００キロ、これまでもっとも長い裂け目だった（１９０６年にサンフランシスコを更地にした地震は長さ約４４０キロの断層で起きた）。端から端まで裂けるのにまるまる９分かかった。[1]

地震はスンダ弧と呼ばれる沈み込み帯で発生した。純粋に物理学的な意味で、沈み込み帯は世界最大級の地震を発生させる。すでに述べたように、地震の大きさはそれが発生する断層の長さとすべる距離に左右される。ただし、実際にはもう少し複雑だ。プレートは厚さが80キロに達することもある。最深部はきわめて高温なため摩擦で形が保てない。岩盤は延性を持ち、どんな形にも変形できるようになって、割れるのではなくキャラメルのように引き延ばされる。プレートの端が摩擦の力で動かないように保たれているのは深さが約16〜24キロの浅い部分だ。そこでは岩盤がたわんで弾性エネルギーが蓄積される。摩擦の力がいよいよ耐えられなくなると、一方の岩盤が突然もう一方からすべり落ちて地震が発生する。したがって、地震の規模はおもにすべる距離、断層の長さ、そして摩擦面の深さという3つの要因によって決まる。1906年のサンフランシスコ地震では深さは比較的浅い13キロほどだった。しかし、断層の長さはおよそ440キロで十分な距離をすべったため、それらが組み合わさってマグニチュード7・8の地震になった。

これまでも沈み込み帯の地震について述べてきたが、そこでは、ちょうど背後から追突したトラックが小型車を押し上げてひっくり返すときのように、ひとつのプレートが別のプレートの下へ潜り込むように押されている。そうしたプレートは通常5〜20度のゆるい傾斜で接触している。下に押し込まれている岩盤は最近まで地表近くにあったため温度が低い。温度が低いということは摩擦が起きやすい。その結果、断層の幅が広くなる。

どういうことかを理解するために、ふたつの断層を思い浮かべてみよう。両方とも長さは

２００キロ、ひとつは断層面が垂直、もうひとつは水平に近いと仮定する。垂直の断層では地震が上層の10キロだけで発生するとしよう。すると、断層の面積は２０００平方キロメートルになる。沈み込み帯の水平に近い断層では地震が上層20キロで起こりうると考える（下へと押されている岩盤が比較的冷たく、まだ延性がないため）。けれども傾斜が10度だと、その深さ20キロの帯のあいだに幅１１５キロの断層が存在することになる。長さ２００キロの断層が２万３０００平方キロメートルの面積になってしまうのだ。同じ長さの断層でも面積は10倍を超える。その事実にくわえて、沈

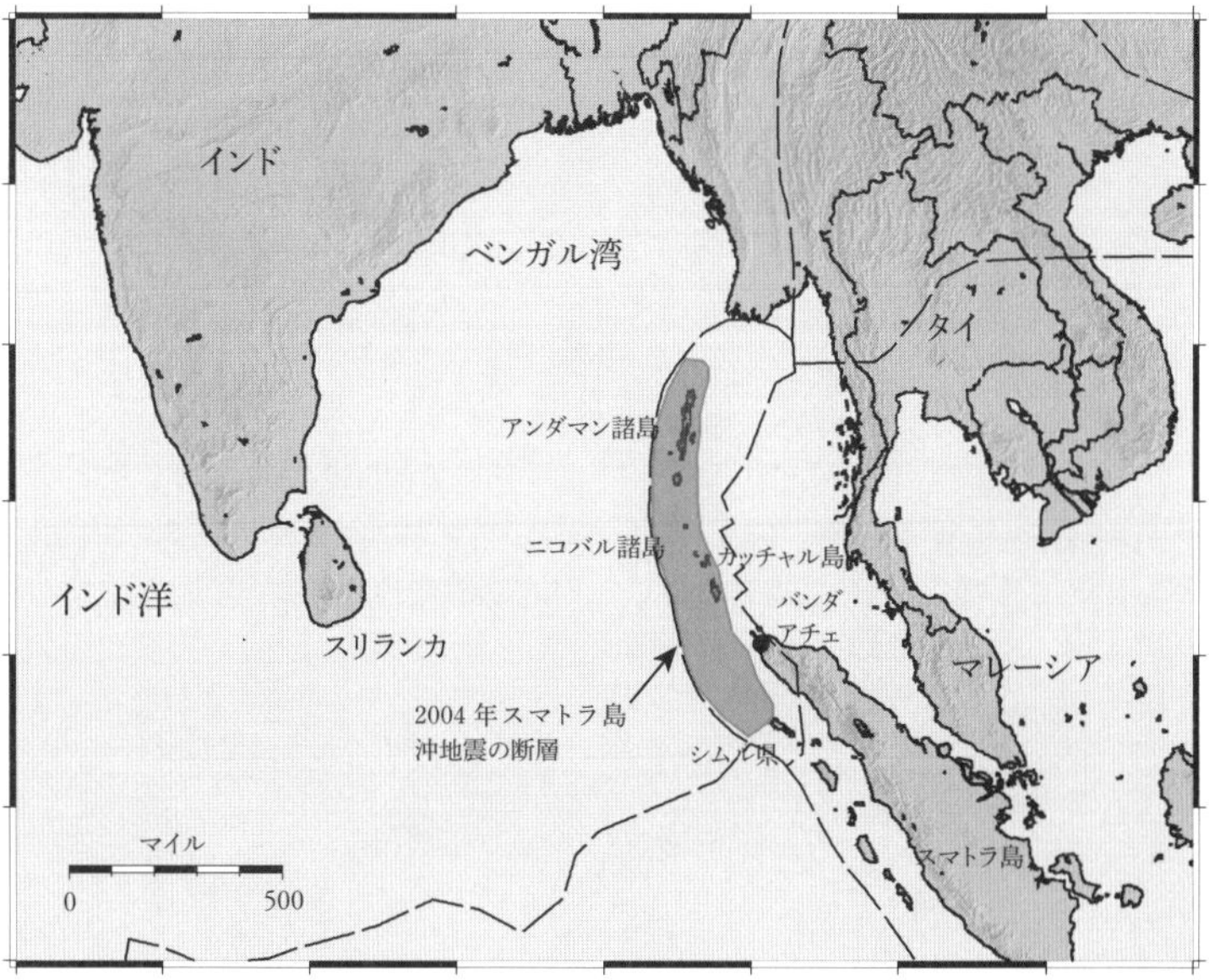


スマトラ島沖地震で動いた断層面。影をつけた部分は長さ約 1400 キロ、幅約 160 キロ。

み込み帯の地震はすべり量が大きくなる傾向がある。結果としてより大きな地震が発生する。

沈み込み帯の地震のうち最大級のものだけが大洋にまたがる津波を生む。マグニチュード8・0では局地的被害をもたらす津波を発生させる可能性はあっても、海盆を横断する波を生むほど大量の水を動かす力はない。しかしながら、マグニチュード8・5以上の地震が発生したと聞いたら、それはほぼまちがいなく沈み込み帯の地震で、直後に津波が起こると思ってよい。

津波は複数の山と谷を持つ波である。とても大きな波浪と考えるのではなく、水たまりに石を落としたときに輪になる波紋を思い浮かべるとよい。連続した上

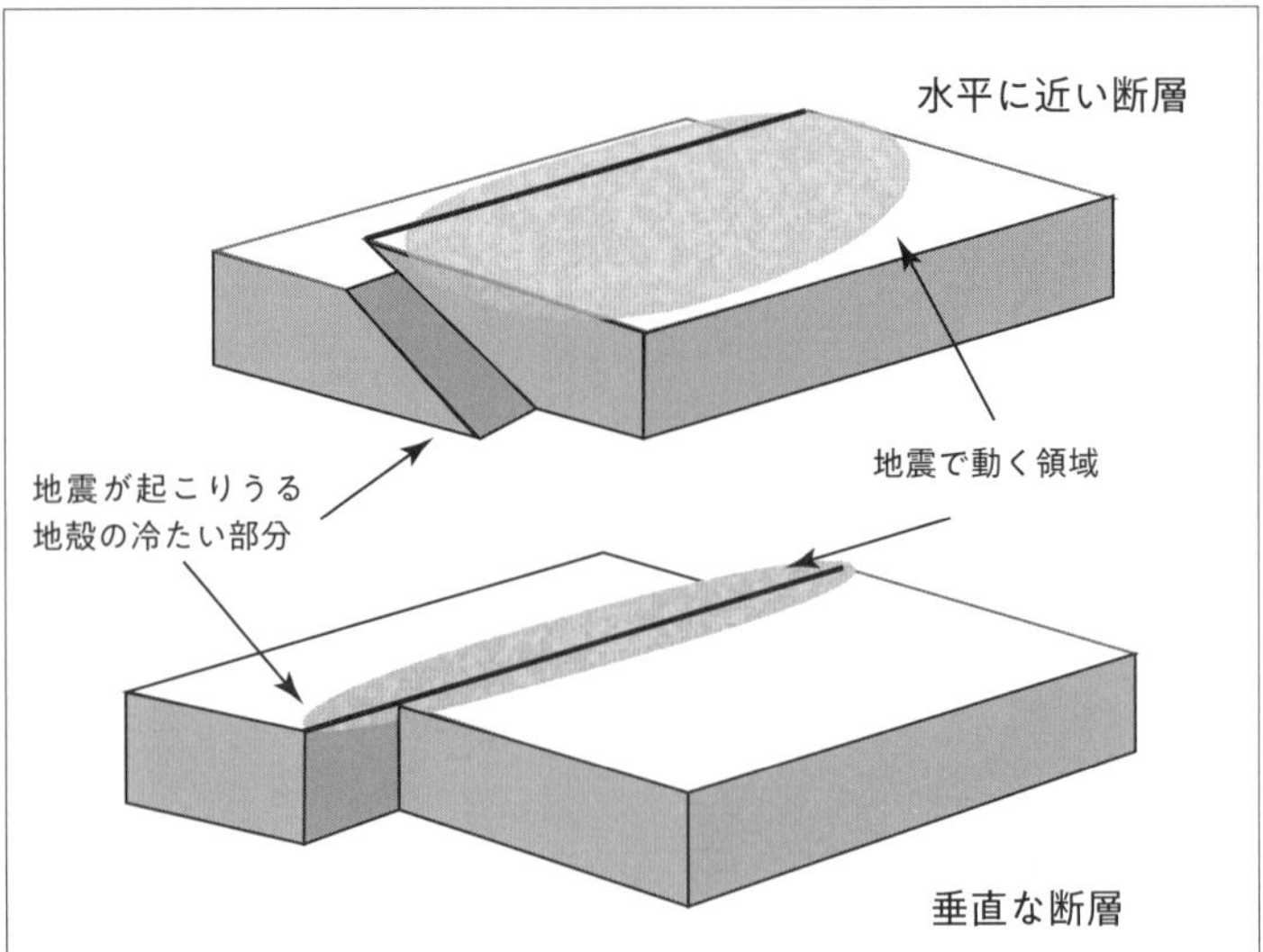


地殻の熱が地震の幅を左右する。

下の動きが海底の乱れから外側へと広がっていく。山と谷の数、相対的な大きさ、間隔はみな、海底の形状はもちろん、波があたる沿岸部の形にも左右される。もし谷が先に到達するなら、向かってくる津波の最初の兆候は海面の上昇ではなく後退である。

津波の高さが5メートルなら、海面から5メートルの高さより低いものはすべて水没する。海岸線が高さ10メートルの崖であれば津波は陸地には届かない。海面が高波によってすでに通常時より50センチ高くなっていると、津波も50センチ高くなって、高さ5・5メートルより低いものはすべて水に浸かる。津波による被害はたいてい浸水ではなく流れによるものだ。波はまずジェット機のスピードで海を渡るが、海底が浅くなるにつれて車の速さになる。それでも、時速30キロで移動する大量の水には想像を絶するエネルギーがあり、よほどしっかりと固定されていないかぎりすべてのものが押し流される。車や人はあっさりさらわれる。弱い建物はひっくり返される。強い建物は四方の壁をはがされて、骨組みだけになるおそれがある。しっかりと建てられた集合住宅で、冷蔵庫だけがぽつんと残っている写真を見たことがある。重かったために押し流されず、海藻がまとわりついた状態でその場に立っていた。

スマトラ島沖地震は記録としては過去3番目に大きい規模だった。観測史上最長の断層がすべった。記録上3番目に多い大量の水が動き、それまでインド洋で観測されたことのない、群を抜いて大きな波が生まれた。その事象によって放出されたエネルギーは、これまでに爆発した最大の水爆の1000倍だった。人類への影響もそれに劣らず甚大だった。

＊

2004年のマグニチュード9・1の地震そのものは、その激しさにもかかわらず、規模から考えられるほど多くの人には影響をおよぼさなかった。断層がおもに海底と、ほとんど人が住んでいない島の下を走っていたためである。地震はクリスマスの翌日、午前8時少し前に発生した。スマトラ島の北端にあるアチェ州は地震の裂け目の南端にあたった。断層に近いということはつまり最悪の影響を受けたということである。アチェ州とその州都バンダ・アチェでは多くの建物が揺れによって大きく損壊した。本震が収まってすぐ、まだ余震が続いているあいだに津波が到達した。アチェの西岸に沿って、波の高さは15〜30メートルになった。多くの人が海に流され、遺体が見つからないため、死者の数は正確にはわからない。判明しているのは、インドネシアの死者と行方不明者の合計がそれ以外の国の3倍にあたる20万人を超え、そのほとんどがアチェ州だということである。人口30万人ほどの都市バンダ・アチェではほとんどの建物の1階部分が浸水し、人口の1割が消えた。アチェの西岸にあった人口1万人の町ルプンは完全に破壊され、生存者はわずか数百人だった。[2]

アチェの北側と西側の小さな島々は沈み込み帯の真上にあり、地震で激しく揺れたうえ、直後に津波にも襲われた。海底の輪郭と沿岸の地理が原因で、島によってはかなり大きな波を受けた。北端の島々では津波の高さはおよそ1・5~3メートルしかなかったが、それより少し南にあるニコバル諸島のカッチャル島はおよそ10メートルの津波に襲われ、住民の9割が死亡した。[3] カッチャル島の先住民族は事実上、部族の長老、生活様式、文化をすべて失った。一方、スマトラ島の西側にある別の島シムルでは、地域に残っていた1907年の津波の記憶に促され、揺れが収まってすぐに住民が高台をめざしたため、死者はほとんど出なかった。

インドネシアの次に被害が大きかった国は、断層からおよそ1600キロ西にあるスリランカである。地震はいろいろな周波数の波を生むが、ちょうど音と同じように周波数の低い波は周波数の高い波よりも遠くまで届く(遠くで音楽を聞くと低周波のドラムのリズムは聞こえても高周波のメロディーが聞こえないのと同じ)。結果として、震源が近ければ周波数の高い突然の動きを感じるけれども、震源が遠ければゆっくりとした揺れを体感することが多い。スリランカではそのゆっくりとした揺れが感じられたと報告されている。津波がベンガル湾を横切るのに90分かかった。波はこの島国を取り囲んで、およそ4~12メートルの高さですべての沿岸を襲った。ほとんどの町は海岸沿いにあり、木造の建物は流されやすい。死者は4万人を超えた。

津波は断層に対して直角となる方向にもっとも強力な波を起こす。スマトラ島沖地震の断層はおおむね南北に走っていたため、その被害は西側のスリランカだけでなく東側のタイでも深刻だった。タイの西岸は世界中の観光客が集まる人気のビーチリゾートで、クリスマス休暇に合わせてホテルは満室だった。地震から2時間後に津波が到達したとき、それはインドネシアに次ぐ高さで、一部では20メートル近くに達した。

津波は容赦なくインド洋を駆け抜け、インド、マレーシア、モルディヴ、ミャンマーで命を奪った。アフリカの東海岸にも届き、イエメン、セーシェル、南アフリカ、ケニアでも死者を出した。波はインド洋から大西洋と太平洋の両方にあふれ出し、その止まらない動きはその後数日にわたってアメリカ海洋大気庁の計器でも記録された。全体として、津波は13か国を襲い、さらに5か国でインフラや建物に損害を与えた。それ以外に47か国が海外に滞在していた自国民を失った。その多くはタイで休暇を過ごしていた人々だった。それを考えると、これは圧倒的に多くの死者を出した巨大な自然現象であるだけではない。スマトラ島沖地震の津波は世界初の真のグローバル災害だった。

＊

1977年、ケリー・シーはスタンフォード大学で地質学の博士号を取得した。その研究があまりに画期的だったため、すぐにカリフォルニア工科大学で教授の地位を与えられた。やがて、彼の研究は古地震学と呼ばれるまったく新しい研究分野の創設につながった。26歳にしては悪くない。その時点まで、地質学者は地震でずれた岩盤の層や特徴を調べ、地震の結果として地表がどのように変化したのかを評価する、地形学と呼ばれる手法を用いて断層を研究していた。ケリーの画期的な発想は、どうにかして直接見ることができれば、断層の表面にはもっとたくさんの情報があるはずだと考えたところにある。そうして彼は、断層を横切る溝（トレンチ）を掘り、動いた場所を少しずつ精密に図に表すことを思いついた。彼はよどんだ水に泥がたまってすぐに新しい地面が作られる沼地の断層を利用した。地層は有機物質内にある炭素14を測定することで年代を特定できる。サンアンドレアス断層が地震で動くときは、すべての地層に亀裂が入る。けれども地震が過ぎれば、その上にまた新しい層が積み重なる。亀裂が入った（あるいは入っていない）層を図に示すことで、ケリーは、一度しか動いた記録が残っていない断層について地震の歴史を描くことができた。

それを皮切りに、ケリーとその教え子、のちにそのまた教え子は、カリフォルニア全域、またそれ以外の地域でも断層を掘ってその研究分野を発展させ続けた。彼らの仕事のおかげで今、平均して１００年から２００年ごとに、サンアンドレアス断層全体が巨大地震で動いたことがわかっている。まさに歴史に残る記録からだけでは収集することのできなかった情報である。

しかしながら、断層が沖にある沈み込み帯の場合、ほかにはない問題が持ち上がる。過去がわからないのだ。インド洋プレートの動きが速いためスンダ弧の地震はかなり多いはずだと述べることはできるが、残っている記録は１００年分にも満たない。シムルの長老が１９０７年の地震をよく覚えていたおかげで部族は助かったが、それが彼らの――そしてわたしたちの――歴史の記録の限界だった。ケリーがまたしても新しい方法を思いつくまでは。

スンダ孤に生息しているハマサンゴは太陽光を浴びて育つ。ただし限界がある。というのは、ハマサンゴは毎年自分自身に輪を足して成長するが、水面すれすれに達するとそれより上には伸びないのである。その後は、横向きに成長を続ける。もし地面が上昇してサンゴが水面より上に持ち上げられると、水から出た部分は死んでしまう。そして地面が下がれば、サンゴは再び、水面に届くところまで垂直方向の成長を始める。

沈み込み帯ではプレートの動きによってスラブ（マントルに沈み込んでいる海洋プレート）が押し下げられているため、その上のハマサンゴは縦にまっすぐ成長することができる。ところが、地震ですべってプレートが急に持ち上がると、サンゴが海面を突き出て一部が枯れてしまう。沈み込み帯にある断層から地震の歴史を読み取るために、この現象を何とか利用できないだろうか？

２００４年の初め、ケリーと教え子のひとりであるダニー・ナタウィジャジャは、１７９７年と１８３３年にスンダ孤で発生した大地震に関する主要論文を発表した。つまり、１９０７年のひとつの地震だけでなく、過去２５０年のあいだに地震が3回あったということである。そのおかげで今では簡単に、その地域でざっと１００年に一度くらいというかなりの頻度で地震が発生するとはっきり述べられるようになった。だが、それは同時に、現在生きている人がまだ生きているあいだにもう一度地震が発生する可能性が高いという意味でもある。

インドネシア人であるダニーはその夏、博士課程最後の実地調査を終えるために母国に戻る予定だった。津波の危険性を熟知しており、インドネシアに備えができていないことを知っていたダニーとケリーは、津波がどのようなもので、大地震が起きたときに沿岸部から離れることでどれほど命が助かるかを説明するポスターを作った。２００４年の夏、英語（旅行者向け）、インドネシア語、そして地方の言葉であるメンタワイ語で書かれたポスターが配布され[4]、現地のあちらこちらに掲示された。その数か月後、スマトラ島沖地震が発生した。免れた被害の数値化は難しいが、ダニーとケリーの取り組みのおかげで津波から逃れた人々はまちがいなくいただろう。自分たちの仕事の成果をこれほどはっきりと目にする科学者は多くない。

しかしながら、そうなると当然大きな疑問が湧く。警告ひとつで容易に命が救えるな

2004年の津波で水面より上に出て死んだサンゴ。
カリフォルニア工科大学地質構造観測所、ジョン・ガレツカ所蔵。

ら、なぜこれほどまで多くの命が失われたのか？　２００４年の事象が始まってから15分後、わたしはスマトラ島北端沖で推定マグニチュード８・８の地震が発生したことを伝える電子メールを受け取った。世界のどこかでマグニチュード５以上の地震が起きるたびに、わたしはこうした電子メールを受け取る――そしてそれは希望すればだれでも受け取ることができる。アメリカ地質調査所の地震災害ウェブサイトがそのようなサービスを行っているのである。したがって、おそろしい津波がインド洋を襲うだろうということが、わたしにはただちにわかった。わたしはカリフォルニアで、大惨事が起きることを知っていながら何もできずにクリスマスツリーの前に座っていた。

危険にさらされる人々に対して広範囲に警告を出すことは可能だが、そのためにはその仕組みが整えられていなければならない。事象を記録する計器、警告を発表する施設で任務にあたる人間、そして危険にさらされる人々と政府の両方に警告を伝える手段が必要である。１９４６年にアラスカ（アリューシャン）で発生した地震の津波によりハワイで１５０人が死亡したことをうけて、アメリカ政府は１９４９年、ハワイに太平洋津波警報センターを創設した。死者を出した１９６０年のチリ地震で津波が発生したときには、ハワイで数十人、日本で１００人以上が死亡したことから、同センターはアメリカ国内だけでなく海外にも活動を広げ、環太平洋地域全体の津波について警報を発令するようになった。２００４年のスマトラ島沖地震が発生したとき、太平洋津波警報センターは太平洋海盆には津波のおそれはないという声明を発表した。それはそれで正しい。しかし、それは同センターの対応はそこまでだという意味だった。センターは太平洋の西側に警報を出すことしか許可されていなかったのである。

前回、同規模の大地震が記録されたのは40年前、１９６４年のアラスカ地震だった。けれども当時の技術では、最大級の地震の本当の大きさを判別できなかった。１９８０年代と90年代にデジタル記録処理技術が誕生して初めて、地球上で起きる最大級の地震が持つエネルギーの大きさまで理解できるようになったのだ。太平洋津波警報センターの担当者は依然として古い技術に頼っていたため、初めは地震の規模を実際より小さく発表した。1時間経過したころ、考えていたよりも地震が大きかったことに気づいたが、影響を受ける国々の政府に情報を伝える経路が定められていなかった。ようやく伝わったとき、そうした国々には沿岸部の人に警告を知らせる仕組みがなかった。データがうまく伝わっていたならどれほどたくさんの命が助かっただろうと考えると、科学者はやりきれない気持ちになる。

幸い、それ以来、対策が講じられている。１８６０年代のカリフォルニアの洪水の話で、人には集団記憶から消えてしまった脅威を軽視する傾向があることはすでに述べた。裏返せばそれは、人類には記憶に新しい危機に積極的に取り組む傾向があるということだ。スマトラの犠牲が甚大だったのにくわえて、技術的な解決策で死を防げるとわかったことが行動につながった。津波から2週間も経たないうちに、インド洋に警報システムを導入して老朽化した技術に策を施すための計画がまとめられた。現在では、国連が取りまとめ、オーストラリア、インドネシア、そしてインドのデータを用いる警報システムが設置されている。太平洋警報システムでは規模の推定に最新の技法が用いられるようになり、未来の災害に対する備えが強化されている。

*

ほとんどの人は「6次の隔たり」という概念を耳にしたことがあるだろう。これは、地球上のだれもが、知人、その知人、そのまた知人という具合に最大5人を介せば、ほかのすべての人とつながっているとする理論である。世界中の人々とスマトラの津波犠牲者のつながりは3人を超えることがほとんどないのではないかとわたしは思う（わたしの兄は同僚がクリスマス休暇でタイに行ったまま帰らぬ人となった。ロサンゼルスには大きなスリランカ人コミュニティがある。わたしのスリランカ人の知人のだれかに、知り合いに亡くなった人がいたとしてもおかしくない）。世界のほぼ3分の1にあたる57か国が国民を失った。国によっては、国内の事象よりも多くの国民がその津波で命を落とした。たとえば、スウェーデンは、国の歴史上のいかなる自然災害より、また1709年の戦争以降のどのようなできごとよりも多くの国民をスマトラの津波で失った。グローバル化と航空機による移動の利便性は世界を根本から変えた。初めて、世界のほとんどとは言わないまでも多くの人が、ひとつの自然災害の犠牲を分かち合ったのである。

通信技術の進歩もまた、この災害の影響を根底から変化させた。被害の写真は津波そのものよりも早く世界中に広まった。テレビやコンピュータで、つぶれた家屋、大波のうねり、おもちゃのボートのように海岸に打ち上げられた巨大な船舶の映像が流れた。そのうえ、隣人の親戚やわが子の先生の甥が休暇から戻らないとなれば、それはもはや遠く離れた世界のできごとではなく、自分自身の生活にまで影響をおよぼす脅威である。

　地球の裏側で生じた自然災害に対する意識が高まったことで、わたしたちの地震災害を見る目、災害との関わり方は変化しつつある。人が人類の大惨事を防ぐ行動を取れない理由のひとつは、災害がいつ起きるのかわからない点にある。今年起きる確率が低い危険よりは、差し迫った懸念のほうに必然的に目が向けられる。定義上、社会を崩壊させるほどの「巨大災害」はまれだ。毎年あるいは10年に一度の洪水は都市計画で考慮され、地震の活発な地域では普通の地震に耐えうる建築基準法が採用されている。けれども、頻繁に起きる災害のほとんどは連続体の一部であり、その延長線上には頻度が低いけれどもすさまじい事象が待ち構えている。

　自分の周辺ではきわめてまれだと考えられるできごとでも、世界規模で見ればかなり一般的だ。カリフォルニア州ではマグニチュード8の地震は数百年に一度しか起きないが、その規模の地震は世界のどこかでほぼ毎年発生している。過去にはそれを世界規模で把握する手段がなかった。ポンペイが被災した当時、ローマ市民はインドネシアの存在をまったく知らず、ましてやその火山の爆発が人間の集落を破壊していたなどとは夢にも思わなかっただろう。１７８３年にラキ山が噴火したとき、ヨーロッパでは数人の科学者がアイスランドで何かが起きていると気づいたが、ほとんどの人は気に留めもしなかった（宗主国のデンマーク政府が救援を送ったのはほぼ1年も経ってからだった）。1923年に関東大震災で東京が破壊されたときには知らせが電報でアメリカに届いたが、アメリカ人には人々が耐えていた地獄のような状況を理解するすべはなかった。わずか40年前の唐山地震で、スマトラの津波の2～3倍の人が死亡したとき、世界は気づきはしたが、だいたいにおいてほとんど関心を払わなかった。当時は中国が世界から孤立していたときで、犠牲者がほぼすべて中国人だったからだけでなく、その苦しみを目で見ることができなかったからである。これはインターネットやパソコンが自分の机の上に世界を持ち込む前の話だ。中国が世界に弱みをさらすことを望まなかったため、写真までもが封じられた。地震から5年間、外国人は唐山に入ることさえ許されなかった。

そう考えると、スマトラの津波が悲しみ以外の何かを人々に与えたのだとしたら、それは災害に対する認識だろう。津波に関する知識はかつてないほど広まった。たしかにまだ、正しい知識をもっとも必要としている人々のあいだでは、認識を高める取り組みがなかなか進んでいない。沿岸部の多くの人が今も危険にさらされている一方で、高さ150メートルの場所で暮らす多くの人が不必要におそれている。巨大津波を引き起こす沈み込み帯の地震の仕組みから津波に襲われる場所が予測できるにもかかわらず、それが十分に正しく理解されていない。けれども20年前と比べれば「津波」という言葉は格段に身近になった。

スマトラの津波から10年で、自然災害を乗り切ることに大きな関心が集まるようになった。国連に防災機関が設けられ、2015年に仙台市で開催された会議で協議された「仙台防災枠組」が国連総会で採択された。グローバル化と近代的な情報通信技術によってついに、局地的な災害が世界の人々の共有体験へと姿を変えた。

人類の「わたしたち」という定義は、家族から部族、そして国家へと、外側へ広がり続けている。スマトラの津波では「わたしたち」が世界全体を含むようになり、その過程で人々の災害を見る目が変わった。世界は大災害を肌で感じ、人々は自分を脅かす、心の奥底に刻まれたバイアスを克服する方向へと向かっている。

第9章

# 失敗の検証

## アメリカ、ルイジアナ州、ニューオーリンズ、2005年

この道を通る、茶色い紙袋より色が濃いものは、みな撃ち殺す。
——ニューオーリンズ、アルジアーズ・ポイントの白人居住者

「神のご加護がなければ、そこにいたのはわたしだったかもしれない」。これは犠牲者に寄り添うときに使われる表現だ。ロサンゼルス地区のニュースラジオ局は、2005年にハリケーン・カトリーナがニューオーリンズを襲った直後、そのハリケーンと災害の多いカリフォルニアの共通点を強調して、冒頭の言葉をタイトルにした特集番組を組んだ。最善の解釈をするなら、その表現は、災害に対する同じような弱さを認識し、苦しんでいる人を思いやる気持ちの表れである。多くの人にとってはまた、災害の偶然性から身を守ってくれる一種のお守りの役目も果たす。神の善意を信じれば、同じ運命は逃れられるかもしれない。だが、わたしたち人間はなぜ犠牲者には神の加護が与えられなかったのかを考えて、思いやりを忘れそうになることが多い。

先に述べたように、人は災害にパターンを見出そうとする傾向がある（たとえそのパターンが見せかけだけでも）。それは何千年ものあいだ命を救ってきた行動だ。たとえば、だれかの激しい胃腸障害とその人が食べたキノコに結びつきを見出せれば、自分は助かる。けれども因果関係には「非難」がつきものである。だれかが心臓発作を起こしたと聞くと、わたしたちはすぐにその人のライフスタイルや体重のことを考える。だれかがガンになったと聞けば、しばしば「たばこを吸っていた？」と尋ねる。意識していようといまいと、不運の原因をその人物と結びつけることで、自分は同じ運命をたどることはないと予防線を張るのである。「わたしは運動をしている」。ひそかに自分を安心させる。「わたしはたばこを吸わない」

非難の矛先を探そうとするのは人間の本能的な衝動である。そのため自然災害は天罰だという考え方が魅力的に見えるのだ。18世紀のリスボン地震で犠牲者に援助を送ることを拒んだオランダの市民を見ればわかる。自分たちは神が定めた罰を取り消す立場にはない、と彼らは考えた。その見地に立てば、彼らのカルヴァン主義の信仰は、偶像主義カトリック教徒に与えられた罰から身を守ってくれるものとなる。自然災害の科学モデルが開発されて普及するうちにそうしたシンプルな説明の大部分が排除されたとはいえ、犠牲者に非を押しつけて自分自身を保護したい欲求は今も消え去っていない。

現代アメリカ史上では、ハリケーン・カトリーナがまさにその典型例だった。カトリーナはテレビが誕生してから初めてアメリカで大惨事となった自然災害である。１９０６年のサンフランシスコ地震以降もっとも多くの死者を出し、アメリカを象徴する都市がまるごと破壊される寸前の状態にいたった。ニューオーリンズの映像はアメリカ中を震撼《しんかん》させた。同じ国民が置き去りにされ、水位が上昇するなか、瀕死の状態で、なすすべもなく屋根の上に立っていた。同市のフットボールスタジアムであるスーパードームでは人々が家畜のように集められ、電気もなく、通路で排泄《はいせつ》しなければならない状態に置かれていた。それはほとんどのアメリカ人が、自分たちの国では起こりえないと考えていた状況だった。

そして、残りの国民のもとに大惨事のニュースが押し寄せるなかで、人々の心は避けることのできない、答えようのない疑問の解を見つけようとした。なぜ？

＊

気象災害のなかでは熱帯低気圧が最大の脅威である。発生する場所によってハリケーンや台風など異なる名前を持つが、どれもみな基本的には同じ現象だ。それは高速で回転する気象状況で、強い風と激しい雷雨が渦を巻いているのが特徴である。北アメリカ周辺の大西洋と太平洋東部で発生するものはハリケーンと呼ばれる。

嵐の発生はすべて、空中に水分を保つためのエネルギー源があり、空気が動いていることが条件だ。熱帯低気圧の場合、その源は赤道付近の海面近くにある空気である。その辺りの水は温かいため、すぐ上にある空気も暖かい。そこで空気が上昇して空気中の水分を上方へと運ぶ。すると海面近くの空気が少なくなって気圧の低い場所が発生する。このメカニズム——暖かい空気の上昇と海面付近の気圧の低下——がハリケーンを支えているため、ハリケーンシーズンのピークは夏の終わりである。ハリケーンは海の深さ約45メートルまでの海水温が最低でも約27度のときにしか発生しない。したがって、海が何か月もかけて温められたあとにもっとも発生しやすい。

むろん、暖かい空気はそこら中で上昇している。ハリケーンができるためには温かい海以外の条件も整っていなければならない。まず、温度の高い場所が温度の低い場所に囲まれていなければならない。暖かい空気が上昇してその一帯の気圧が下がると、周辺の気圧が高い部分の空気が気圧の低い部分へと流れ込む。その「新しい」空気が暖まって水分を多く含むようになり、それがまた上昇する。そのサイクルが繰り返される。

水蒸気が大気の高い場所へ上がるにつれて、周囲の空気は冷たくなる。暖かい空気と冷たい空気の温度差で水蒸気が凝結して水滴に戻り、雲ができる。水を蒸発させるために必要なエネルギーがその過程で放出される。すると空気はますます暖かくなって、さらに上昇する。

その作用によって水が空気のなかに取り込まれる一方で、嵐の回転——ハリケーンの特徴である強い風——は地球の自転に起因するコリオリの力に左右される。コリオリの力は赤道ではゼロで、極地に向かって大きくなる。ハリケーンが回転し続けるためには、赤道から十分に（少なくとも480キロほど）離れていて、なおかつ海水温が最低でも約27度の赤道に十分近い緯度帯で発生する必要がある。嵐が回転すると、気圧の低い部分にさらにたくさんの空気が引き込まれる。
ハリケーンが発生する最後の要因は、垂直方向のウインドシアと呼ばれる一種の乱気流状態になっていないことである。つまり、空気が大気のなかを上昇するときに、風のパターン全体の方向と速度があまり変わらないことが重要だ。上昇中の暖かい空気がさまざまな方向に吹いている風とぶつかると、まっすぐに上昇を続けられなくなり、横に引っ張られて嵐の形が崩れてしまうのである。これらすべての条件が整って初めて、ハリケーンが形になる。

ハリケーンは温かい海水が大きな要因であるため、ほとんどの科学者は、地球温暖化が進めばハリケーンの数と強さが増大すると考えている。実際、最大風速で考えると、記録に残るなかで最強のハリケーンは２０１５年に太平洋東部で発生したハリケーン・パトリシアである。２０１７年のハリケーン・ハーヴィーはテキサス州ヒューストン一帯で、ひとつの嵐としては最大の雨量をもたらした。同じ年のハリケーン・イルマはこれまででもっとも長い時間、猛烈な風を維持した。それでも、名前をつけられた嵐[1]（最低でも風速毎秒約17メートルの熱帯低気圧）と、大西洋海盆のハリケーンがもっとも多かったのは２００５年である（ハリケーンが多発した２０１７年は２００５年とほぼ同数の大きなハリケーンが発生したが［２０１７年は6、２００５年は7］、小さなハリケーンが少なかった［２０１７年は10、２００５年は15］）。そして２００５年のハリケーンのなかで最大の被害を生んだのがハリケーン・カトリーナだった。

＊

アメリカの自然災害対応は、１９２７年の洪水後にクーリッジ大統領が国民に直接支援金を提供する考えを拒んで以来、長い道のりを歩んできた。その災害がもたらした広範囲な被害は国民に抗議の声を上げさせた。そのため１９２８年水防法が制定され、ミシシッピ川のみならず全米各地の大規模河川洪水管理に多額の連邦資金が投じられた。その支出は個々の被災者の手には渡らなかったが、最大級の自然災害時に連邦政府が関与するという意味で先例を作った。

ミシシッピ川の洪水からまもなく、農業の慣行と広範囲な干魃が重なって、ダストボウル（砂嵐）として知られるようになった環境ならびに社会的災害が起きた。当時は大恐慌のさなかで、フランクリン・ルーズヴェルトが大統領に選出されると、ただちに政府による積極的な対応が始まった。ルーズヴェルト政権は、土地を追われた農家を支援するだけでなくダストボウルの原因となったもとの農業慣行を廃止するために、いくつかの機関を立ち上げた。それが１９２７年の洪水の結果として生まれた災害対策と、被災者の支援だけでなく長期的な災害の軽減策を考えるという政府の役割をいっそう揺るぎないものにした。[2]

それから数十年は、災害が起きるたびに、その都度連邦政府による救援策が講じられていたが、１９５０年になってついに国会が連邦災害救援法を可決した。国会が初めて災害からの復旧に向けて連邦資金の支出を許可したのである（グローヴァー・クリーヴランドの「国民は政府を支えるが、政府は国民を支えるべきではない」という見解がようやく葬り去られた)。しかしながら、さまざまな機関が必要に応じてばらばらに取り組みを展開したため、1970年代には、事例によって、災害救援が100を超える異なる政府機関から提供される事態に陥り、混乱と非効率を招いていた。

対応を一本化するために連邦緊急事態管理庁(FEMA)が設立されたのは1979年になってからである。そして、FEMAのおもな機能が災害後の資金の分配だったことが原因で、同庁は政治家が民間人を任命する政治任用の舞台となった。たとえ災害という状況であっても、政府の金が出るところには必ず政治的な利点がある。1992年、FEMAはアメリカ政府のどの機関と比べ

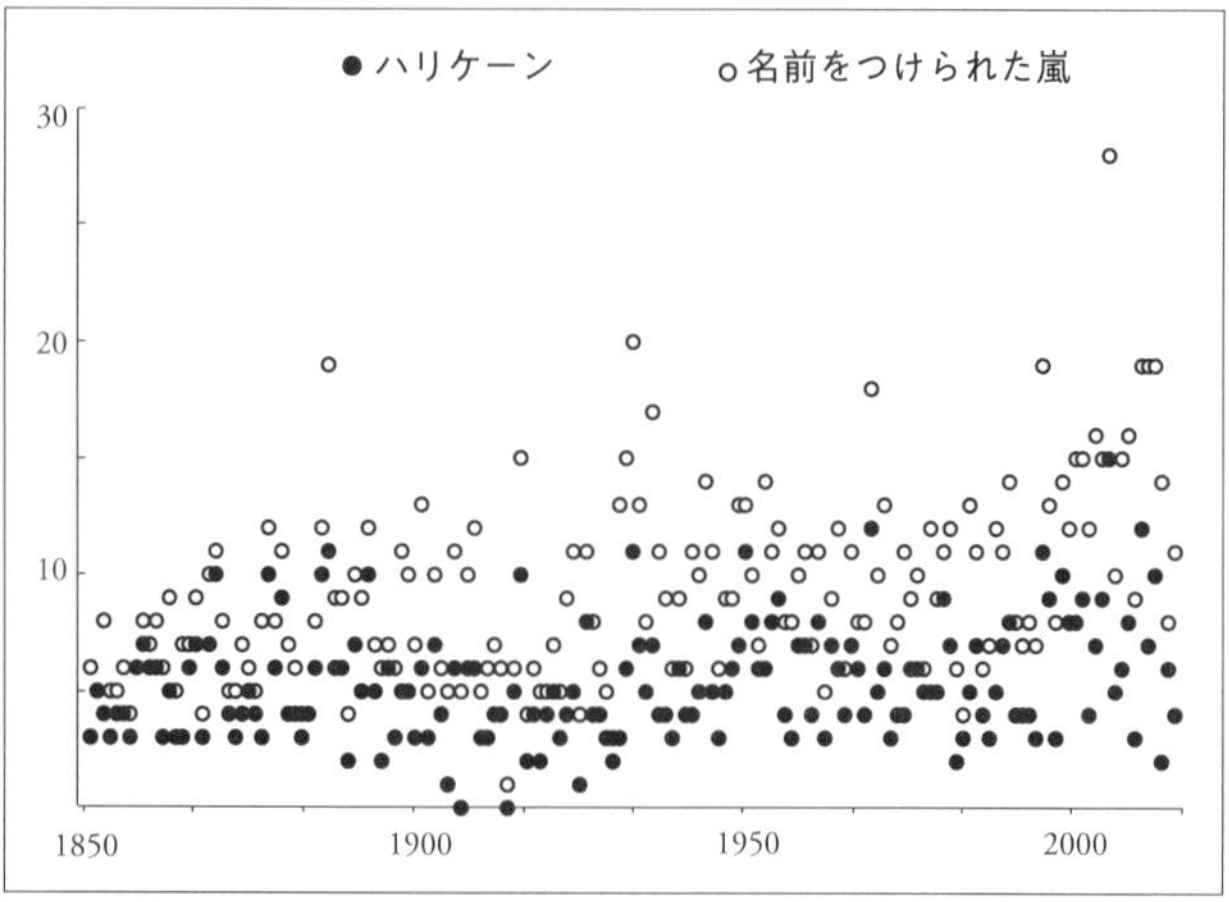


1850年から2015年までに大西洋で発生した嵐を示すグラフ。
アメリカ海洋大気庁のデータ。

ても公務員の職員に対する政治任用の比率が高かった。

１９９０年代になると、ＦＥＭＡの、また同庁に対する態度に変化が現れた。ビル・クリントン大統領が元アーカンソー州緊急事態管理局長のジェイムズ・リー・ウィットを同庁の長官に任命したことにより、ＦＥＭＡ長官はもちろん連邦の政治任用の高官として初めて、緊急事態管理の経験者がトップに就任することになった。自然災害への適切な対応が政治的に重要だと理解していたウィットは、１９９３年のミシシッピ川の洪水や１９９４年のカリフォルニア州の地震への対応でその能力を発揮して、クリントン政権にとって政治的に貴重な人材となった。ウィットはまた救援だけでなく防災の重要性も認識しており、氾濫原の土地を買い上げたり、地震や強風に耐えられるよう建物を補強したりするなど、災害時の損失を軽減する取り組みをいくつも実施した。

ウィットがＦＥＭＡにいたころから継続されている取り組みのひとつは計画である。特に、発生の可能性がある災害を予測し、なおかつ政府の対応策を準備するためのシナリオ（「シェイクアウト」の取り組みのような）の作成だ。ＦＥＭＡの地方局がそれぞれの地方に関連する災害計画を立てた。

ルイジアナ州では、ＦＥＭＡはカテゴリー３のハリケーンがニューオーリンズを襲い、堤防が決壊して、広範囲で洪水になるという想定でシナリオを展開した。それはハリケーン・パムと名づけられた。[3]

＊

ニューオーリンズのミシシッピ川は「活三角州」である。河口が十分に広いため、堆積物がたまって海面が上昇すると、分流、つまり本流から流れ出る小さな支流が移動する。それはすなわち「川」の位置が一定ではないということを意味する。流れ出る支流の位置は季節ごとに異なる。そのような活三角州は、ナイル川やガンジス川など世界に70ほどしか存在しない。ニューオーリンズは、しかしながら、その活三角州のなかに存在する唯一の大都市という点でほかとは大きく異なっている。[4]

堆積物と海面は複雑な仕組みで相互に影響をおよぼしている。川が海にぶつかると流れの速度がゆっくりになってゼロに近づき、運ばれてきた堆積物が河口で落ちる。一方、海面が上昇すると（氷河期の終わりから過去1万3000年間上がり続けている）、堆積物が早く落ちる。その両方の作用が原因で川底が高くなる。先に述べたように堤防は川の隣に自然に形成されるけれども、やがて決壊して、水が低い場所へ流れるようになる。そうやって新しい分流が作られるが、結果として生じるのはそれだけではない。洪水の水が落とす堆積物の重さによって、時間の経過とともに水が氾濫した場所の地盤が若干沈み込む。地盤が沈下すればくぼみができ、そこへさらに堆積物が積もる。

１９２７年以降ミシシッピ川に施された巨大な洪水管理プロジェクトによって、川の流れは変化した。昔と比べて運ばれる堆積物の量が減り、その多くが上流の貯水池にたまるようになった。それでも、堤防に閉じ込められた残りの堆積物の重さは相当なもので、三角州の地盤は沈下し続けている。つまり相互作用の結果、[5]ミシシッピ川はどんどん高くなり、周囲の土地はますます低くなっているのである。現在、ニューオーリンズのほとんどは海面より低い位置にある。場所によってはおよそ6メートルも低い。

ニューオーリンズを守るために堤防が築かれたとはいえ、それらは人工物である。一部は老朽化しており、カトリーナの衝撃に耐えるには不十分だった。その事実は２００５年より前にわかっていた。その3年前にルイジアナ州立大学のルイジアナ水資源研究所が終えた科学調査によれば、ニューオーリンズは三角州の形成過程で深い窪地になっており、高潮で今にも洪水が発生しかねない状態にあった。川岸の湿地の封じ込めと破壊も問題を複雑にしていた。大量の雨を降らせるゆっくりとした動きの嵐がくれば、高潮と雨水で川の水位が多くの堤防の高さを越える「越水」が起きるだろうと、科学者は予想した。

彼らの調査がハリケーン・パムのシナリオの科学的根拠になった。そのようなハリケーンに襲われた場合に必要な対策を検討するため、5日間の訓練日が計画された。そこには捜索と救助、避難の手順、防災用品の準備などの要素が盛り込まれていた。そのうち4つの訓練を終えたとき、[6]ハリケーン・カトリーナがハリケーン・パムを現実のものに変えた。

物理的な点では、実際のハリケーンは仮想のものに非常によく似ていた。予想されたシナリオは総雨量、洪水の程度において差が10パーセント以内に収まっていた。公共の避難所に避難した人、ボートによる救助、影響を受けた化学工場、がれきの量、損壊した建物、崩壊した橋の数を含む、社会的また工学的な結果の多くも同様に正確に予想されていた。[7] カトリーナから数週間後、国土安全保障長官だったマイケル・チャートフは述べた。「いくつもの惨事が重なったあの『パーフェクト・ストーム』は計画者の見通しを上回った。いや、おそらくだれも見通すことなどできなかっただろう」。[8] だが、それは正しくない。緊急事態管理の専門家はニューオーリンズに何が起きるかを正確に知っていた。そしてチャートフが率いていた機関はまさに直面していた嵐に対する計画をすでに立てつつあったのだ。

*

ハリケーン・カトリーナはニューオーリンズを襲った嵐として知られているが、実際にはメキシコ湾沿岸州の広い範囲に被害をもたらした。カトリーナはバハマ諸島付近で発生してから勢力を強め、ハリケーンになった直後の8月25日にフロリダ州を横断した。陸地を越えるあいだは弱まったが、メキシコ湾に出ると再び勢力を取り戻し、さらに強くなった。8月29日、月曜日の早朝に再上陸、中心にあるハリケーンの目がニューオーリンズの東を通ってミシシッピ州に入った。

ハリケーンは風の強さで分類される。風速が毎秒約17メートルを超えると熱帯低気圧と呼ばれる。カテゴリー1は風速約33メートルから始まる。カテゴリー5のハリケーンは、最大風速が約70メートルを超えるものを指す。けれども風の強さはハリケーンの特徴の一部分でしかない。ハリケーンは3つの被害をもたらす。ひとつ目は、風が構造物をばらばらにする。ふたつ目は、高潮と呼ばれる現象によって水が陸の高さまで押し上げられる。3つ目は雨そのものが洪水を引き起こす。最初のふたつの要因は風だが、3つ目はそうではない。したがって、ゆっく

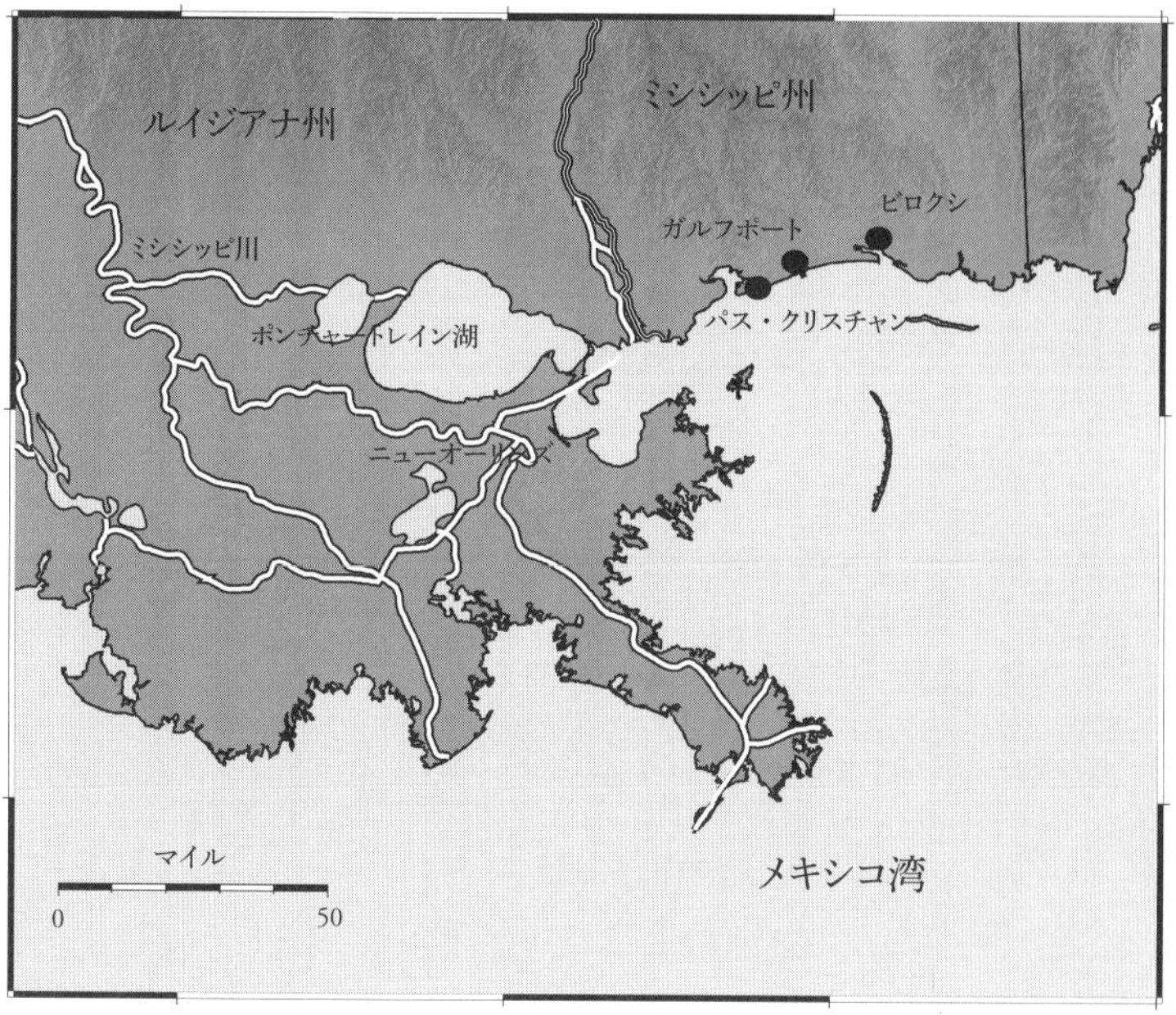


ミシシッピ川デルタの地図。

り移動するカテゴリー1のほうが雨量が多く、速く通り抜けるカテゴリー4よりも大きな被害をもたらすこともある。

ハリケーンで風がもっとも強いのは中心付近で、ハリケーンの目の北東側に若干エネルギーが多い。その北東側がミシシッピ州を直撃したため、沿岸部の被害は甚大だった。高潮は約8・5メートルになって、海岸からおよそ800メートル以内のほぼすべてのものを破壊し、約19キロ内陸まで到達した。[9] ビロクシやガルフポートなどの大都市が広範囲に被災し、骨組みだけになった建物や水上カジノが内陸の遠い場所まで流された。多くの小さな町が壊滅した。そうした町のひとつ、パス・クリスチャンには8000戸の家屋があったが、500戸を残してすべてが大きく損壊、または全壊した。ミシシッピ州の経済損失は1250億ドルを超えた。[10]

物理的なダメージを考えれば、死者は驚くほど少なかった。沿岸部の3つの郡の人口は合わせて40万人ほどだった。けれどもミシシッピ州は8月27日土曜日に避難命令を出し、ハリケーンの影響が最大になったときにはすでに地域の大部分が避難を終えていた。ミシシッピ州の死者は合計238人だった。

その数字はけっして小さくはないが、それより大きくならなかったのはハリケーンの予測のおかげである。これまで地震の予測には限界があると述べてきた。わたしを含む固体地球科学者がある程度の見通しを示すことはできても、やはり発生は偶然である。それに比べて、大気科学者は研究対象を実際に目で見ることができるため予測しやすい。むろん、どの研究分野であっても、予測対象の過去の発生状況がわからなければうまく予測できない。地震の場合、まず地中で圧力が蓄積されなければならないが、何キロメートルもの分厚い岩盤を通して観察することは難しく、大地震と小地震でどのように蓄積の状況が異なっているのかもわからない。

それに対してハリケーンが不意に襲ってくることはない。まず海上で低気圧が発生し、エネルギーが蓄積され、陸に向かって移動する。それらすべてが大気圏内で起きるため、衛星や空中の計測器で観測できる。そこで、課題はハリケーンがくるかどうかを判断するというよりむしろ、その強弱と進路を予測するところにある。ここ20年のデータ収集システムと、スーパーコンピュータの働きで可能になった包括的なモデリングによって、このふたつの課題はしばしば驚くほど正確に解析されるようになった。アメリカ国立気象局による短期予報では、進路の誤差は約24キロ、風速の誤差は毎秒約4メートルの範囲内でハリケーン・カトリーナをとらえていた。

8月26日金曜日の夜、カトリーナが再上陸する56時間前、気象局はメキシコ湾岸の住民に対して不吉な予感のする警告を出した。

> その地域の大部分は数週間（中略）もしくはそれ以上（中略）居住に適さなくなり、人的被害は現代の基準から考えて驚くほど大きくなる。

ミシシッピ州はほかのどの州よりも迅速に避難を強制して対応した。ルイジアナ州とニューオーリンズ市はいずれも上陸19時間前まで強制避難命令を出さず、住民がそれに応じる時間はほんのわずかしか残されていなかった。

その後2日にわたって、ハリケーン・パムのシナリオに描かれた状況がリアルタイムで繰り広げられた。ニューオーリンズの暴風雨はミシシッピ州ほど強烈ではなかったが、それでも8月29日の朝、ハリケーン・カトリーナが東側を通過したときに計り知れない被害をもたらした。高層ビルの窓ガラスが吹き飛んだ。スーパードームの屋根の一部がはがれ落ちた。沿岸部に残った人々はハリケーンの衝撃をまともに受けた。ハリケーンの上陸から数時間で、沿岸警備隊は木々や屋根の上から6500人を救助した。[11]

状況は悪化の一途をたどった。ルイジアナ州立大学ルイジアナ水資源研究所の予想どおり、市の堤防システムは高潮、豪雨、強風に耐えきれなかった。その月曜日、堤防は数か所で越水し、一部で決壊した（ハリケーン・パムでは越水は予見されていたが、決壊は予想されていなかった）。第一報は、上陸直後の月曜の朝に気象局に届いた。火曜日、さらに堤防が決壊した。事態の悪化に輪をかけたのは、本来なら市内から排水するはずの多くのポンプ所が、停電と機器の水没で働かなくなったことだった。水曜日までにニューオーリンズ市の8割が最大で約6メートルの高さまで水に沈んだ。

ここまでは物理的な被害である。人への影響も同じくらい深刻だった。下水道、排水路、電力、物流、通信システムがすべてダウンした。ニューオーリンズに残った人々にとっては、アメリカの暮らしにあるべきものすべてが消え去ったのと同じだった。多くが、最後の手段である市の指定避難所へ行くしかなかった。

1万人に近い人々が暴風雨のなかをスーパードームへ向かった。堤防の決壊後は、さらに数千人がすでに満杯のスタジアムになだれ込んだ。それだけの人数と非常事態の持続期間に対応できるだけの十分な備蓄はなかった。火曜日の朝、アメリカ保健福祉省が、電気もなく、空調もなく、下水も機能していないスーパードームの状況を評定した。評価は居住不可能だった。[12] そうかもしれない。それでも現実には、ほぼ2万人がそこに身を寄せていた。

結果は、ほとんどのアメリカ人が考えたこともない地獄のような状況だった。ロサンゼルス・タイムズ紙は、生後3週間の息子とともにスーパードームに避難していた25歳のタファニー・スミスの言葉を載せた。「床で用を足さなきゃならないの。まるで動物扱いだわ」[13]。悪夢は続く。「子どもを含む、少なくともふたりがレイプされた」と同紙は報じた。「最低でも3人が死亡。ひとりの男性は生きていてもしかたがないと告げて15メートルの高さから飛び降りた」

自宅に残った人の状況もたいして変わらなかった。居住者は屋根裏や屋根に上がるしかなかった。自宅で溺死した人もいた。最終的に、沿岸警備隊だけで3万3000人、それ以外の機関や近隣住民の手でさらに数万人が救助された。ハリケーン・カトリーナによるニューオーリンズ市の死者数はわからない。ハリケーンから1年後、ルイジアナ州は1464人が犠牲になったと発表したが、[14] 数えきれていないと認めている。それより差し迫った問題に資源を割りあてなければならなかったのである。

*

スーパードームの惨状と、屋根からヘリコプターに向かって助けてほしいと手を振る家族のふたつのイメージが、人々の心に残るハリケーン・カトリーナの視覚的な象徴となった。それらが世界の人々がテレビで見た姿、メキシコ湾岸の被害状況として目撃した光景だった。それは多々ある感情のなかから思いやりを引き出した。アメリカ赤十字社には、最初の1か月だけで、ハリケーンの救援金としてほぼ10億ドルに達する寄付が集まった。[15]

カトリーナはある意味、教訓とすべき負の事例でもある。人々はやはり、自分たちが同じ運命をたどらなくてすむよう災害にパターンを見つけ出そうとして、非難の矛先を向ける相手を探した。スケープゴートにはこと欠かないなかで、必ずしもまったく別ものとは言えないふたつの筋書きが議論の中心になった。それは、政府の失点と犠牲者の失点である。

政府がその基本的な義務であるはずの公衆の安全を図ることに失敗したという見解を裏づける証拠はたくさんある。2006年に超党派委員会が出した報告書によれば、国会はカトリーナへの対応を「政府、戦略、リーダーシップの失敗」だと述べている。[16] これほどの規模の失敗となると、あらゆるレベルの政府の失敗が積み重なったものである。FEMAに非があると言えばすむほど単純ではまったくない。アメリカの緊急事態管理は、災害はみな地方の管轄という前提に基づいている。対応はまず権限を全面的に有する地方の行政機関からスタートする。そこで手に負えなくなってから州に支援が要請されて、権限と責任が州に委ねられる。さらに州でも手に負えなくなると、FEMAに支援が要請される。しかしながら、FEMAの役割はおもに資金の分配だ。カトリーナの対応における失敗の多くはFEMAの仕事の範疇ではない。

実際、政府は災害前も、発生時も、被災後も市民の期待を裏切った。堤防は今回直面した洪水には適していなかった。陸軍工兵隊が建設した堤防は、ニューオーリンズ堤防委員会が維持管理を任されており、毎年陸軍工兵隊が査察することになっていた。のちの分析によれば[17]、設計が不十分であることがわかっていた。堤防委員会は堤防の維持管理技術を習得していなければならないにもかかわらず、その義務を怠った。年に一度の査察は念入りな調査というより親睦を深める行事になりがちだった。数百万ドルもの堤防委員会の資金が公園の噴水の修理費用に使われた一方で、列車事故で損傷して閉じなくなってしまった水門はそのまま放置されていた。

ハリケーンに対する緊急対応計画はほとんど役に立たなかった。ハリケーン・パムには予想される状況が驚くほど正確に描かれていたが、市の計画はお粗末としか言いようがなかった。軍の支援作戦を率いるため、8月31日水曜日にニューオーリンズに到着したラッセル・オノレ陸軍中将は、スーパードームの状況について「最悪のケースを考えながら、最良のシナリオに合わせた措置しかとらない役所の典型例[18]」と評した。備蓄は不十分だった。災害対策本部は設置されていなかった。市は災害時の国の指揮命令系統がどのように機能するのかを知らなかった。[19]ミシッピ州がハリケーン上陸の56時間前に避難を開始したのに対し、ルイジアナ州のキャスリーン・ブランコ知事とニューオーリンズ市のレイ・ネイギン市長は避難の指示を先延ばしにした。避難命令を伝達する通信手段の問題が考慮されていなかった。捜索救助隊にはボートが支給されていなかった。ひとつひとつを挙げていったらきりがない。

なかでも大きな失敗は、各レベルの政府間で連携が取れていなかったことである。たとえばルイジアナ州は、緊急事態管理援助協定――自然災害時ならびに人災時に資源を共有して相互に助け合う州間の合意――を通して、カリフォルニア州に対し、ニューオーリンズ市政府を立て直すための専門家チームを要請した。ロサンゼルス市は消防署長ダリル・オズビーを筆頭に、捜索救助、法執行機関、市営事業の専門家15人を派遣した。バトンルージュでブランコ知事から説明を受けたチームがニューオーリンズに到着すると、ネイギン市長が彼らの派遣について何も知らされていなかったことがわかった。オズビー署長はのちに次のように語っている。「現地に着いてやっと、連邦、州、市政府の連携ぶりがわかったんだ。意思疎通がまったくできてなくて、非難の応酬だった」

ニューオーリンズ市とルイジアナ州政府はいずれも、災害時の管理システムがどのように機能するのかを理解しておらず、対応に失敗した。市に災害対策本部がなかったため、ネイギン市長はホテルの部屋で指揮をとっていた。オズビー署長らはそれから2週間かけて、市の対策本部を立ち上げる手助けをした。ブランコ知事は連邦と州の資源を調整する手順を理解しておらず[20]、州兵からの場あたり的な助言に頼っていた。

さらに不正行為が対応と復旧の足かせになった。オズビー署長はネイギン市長との最初の会合について語っている。「ネイギン市長はこう言った。『ありがとう。だが、正直なところ、君たちは必要ない。FEMAに1億ドルの小切手を切ってもらえるよう手助けしてくれれば、あとはわれわれで何とかできる』。思わず問い返した。市長には手順というものがあると説明した」。オズビー署長が現地にいた数週間のあいだ、彼はたびたび災害対策資源を特定の方面へ割りあててくれれば報酬を出そうと持ちかけられた。

警察全体の15パーセントにあたる200人の警察官が、ハリケーン通過後に応答しなくなった。一部はまさしく、自分の家族の危機に対応していた。ところが、不当に任務に戻らなかった者もいたことがわかった。実態が注目を浴びると[21]、51人が職務放棄で免職になった。カトリーナ災害後、司法省によるニューオーリンズ警察の調査は[22]、同警察がすべてのレベルで機能不全に陥っていたと結論づけた。「市および警察の体制と活動において、広い範囲で欠陥が見つかった」。そこには権力の乱用、ずさんな採用と監督、汚職が含まれていた。

復旧の支援に連邦の財源が活用されたことも不正行為の温床になった。ニューオーリンズに注ぎ込まれた何十億ドルもが、災害と戦っていた市、州、国の政府のすきまに落ちていった。FEMAに対する一般市民の抗議が功を奏して資金はどんどん流れ込んできたが、そのほとんどは横流しされた。ネイギン市長は２０１０年に任期を終えたが[23]、賄賂と脱税の21の罪で起訴され、２０１４年にそのうちの20で有罪判決を受けた。彼は汚職で有罪になった初のニューオーリンズ市長という芳《かんば》しくない評判を背負うことになった。ルイジアナ州もまた汚職に悩まされた。ニューオーリンズ市民が自宅を再建してそこへ戻るための支援策、ロードホームと呼ばれる州の取り組みには、連邦から10億ドルの資金が提供された。２０１３年の調査では[24]、その資金の７割にあたる7億ドルの使途が不明だった。

*

ハリケーン・カトリーナで政府が市民の保護に失敗したことは重大な問題であり、政府の責任を追及したいと考えるのはもっともである。けれども、同じような運命にあったらどうしようと無意識におそれる傍観者にとっては、それだけでは満足な答えにならない。政府は入れ替え可能だとわかっていることは多少の慰めにはなる。実際、ブランコ知事はカトリーナの被災後明らかに支持を失って、２期目は立候補しなかった。しかしながら、ほとんどの人が自分の力で政府をどうこうできるものではないと感じているのにくわえて、問題のある政府の次にまた同じような政府が続かないともかぎらない。そこで人々は、根拠は乏しいけれども同じくらい説得力のある考えにたどり着く。

被災者が選択を誤ったのではないだろうか。ニューオーリンズにとどまったおよそ10万人の人々は避難命令を無視したのだ。ミシシッピ州の沿岸部を見ればわかるように、避難すれば生き残れる可能性は上がったはずだ。わたしは同じまちがいは犯さないと自分に言い聞かせる。

当然のことながら、真実はそれよりずっと複雑である。ニューオーリンズの市民は、避難命令が出てからカトリーナが上陸するまでにほとんど時間がなかった。残された人の多くは脱出できなかったのだ。市民の4分の1にあたる、車を持たない人々はどうやって逃げればよかったのだろう。市の計画では自主避難できない住民の数が正確に推定されていたにもかかわらず、それ以外の手段は提供されていなかった。市が保有するスクールバスが住民の避難に用いられることはなく、市はのちに、そのようなことをしても責任を取れない、バスの運転手が足りなかったと釈明した。

仮にバスが運行できて住民が脱出できたとしても、どこへ行けばよかったのだろう。多くには宿泊代を払う余裕はなかった。ハリケーンは月末を襲った。かぎられた収入しかない人々は2日後に小切手が送られてくるのを待っている状態だった。多くの人にとって、スーパードームは最善の選択ではなく唯一の選択肢だったのである。

マスメディアは、現地が無法化して暴動が多数発生しているかのように述べて、犠牲者に落ち度を探そうとする人間の習性をあおった。「ニューオーリンズの混乱に乗じて略奪が起きている」[25]とAP通信は報じた。CNNは「救援隊員は『市街戦』に遭遇している」[26]と伝えた。オノレ中将によれば、8月31日に彼がルイジアナ州に到着したとき、ニューオーリンズで民主政治が崩壊していると信じていたブランコ知事が、彼が大人数の部隊を連れてこなかったことに失望したという。[27]同じようなうわさが広まり、ニュースはその話でもちきりになった。そうしたメッセージが拡散されたスピード（と、そのうわさの多くがのちに打ち消されたという事実）は、好ましくない欲求が災害によって目覚めたことの表れだった。すなわち、それとなく犠牲者にも非があると思わせ、犠牲者と距離を置きたいという傍観者の欲求である。

オノレ中将は、マスメディアや政府関係者の多くが描く、周りが敵ばかりであるかのような状況を耳にしていたが、彼が実際にニューオーリンズで見たものはそれとはまったく異なっていた。苦境に立たされた人々が必死で生き延びようと、「貧しい人々の忍耐力」を示していただけだった。やがて、報道に蔓延していたような広範囲な無法状態は誤りだとわかった。ニューオーリンズの法執行機関が「略奪」に対応しているとMSNBCが報じた状況は[28]、数か月後に、警察が上司の指示にしたがって物資を必要な人々に届けていたものだとわかった。カトリーナから5年後、ニューヨーク・タイムズ紙は述べた。当時伝えられていたようにアフリカ系アメリカ人が市内を恐怖に陥れていたのではない。「正確な状況が明らかになりつつある。そしてそれは同じくらいおぞましい。そこにあるのは、白人の自警団による暴力、警察による殺人、役人によるもみ消し、そして被災した人々が信じられないほどひどい扱いを受けていたという事実だ[29]」

こうした記事は略奪のものとは異なり、時が経っても覆されていない。わたしの知人女性は当時10代でバトンルージュに住んでいた。自分たちの街にニューオーリンズから避難者がやってくると聞いた近所の人が銃を買いに走ったと彼女は言う。ニューオーリンズの近隣では、さまざまな人種の避難民が、ほとんど白人ばかりのグレトナ市へ向かって、橋を渡って脱出しようとしていた。ほぼ100年前にミシシッピ川の洪水で起きた冷酷なできごとが繰り返されるかのように、避難者の前に、頭上を撃って洪水のなかへ戻れと命じる市当局が立ちはだかった[30]。

大多数が白人で、ほとんど洪水の被害がなかったニューオーリンズ市内のアルジアーズ・ポイントでは、自警団が発足して、近隣に現れたすべてのアフリカ系アメリカ人を襲撃した。何人かが起訴された。ニューヨーク・タイムズ紙の記事では、被告のひとりであるローランド・ブルジョワ・ジュニアが次のように言ったと報じられている。「この道を通る、茶色い紙袋より色が濃いものは、みな撃ち殺す[31]」。彼の裁判は何度も先送りされたのち、2014年に無期延期になった[32]。

ダンジガー橋では、ニューオーリンズの混乱から逃げ出そうとしていたアフリカ系アメリカ人の2家族が、銃撃があったとの知らせを受けてやってきた4人のニューオーリンズ市警察官に警告もなく射殺された[33]。警官は起訴されたが、上訴して大幅に減刑された。

＊

カトリーナによるニューオーリンズの惨事を目撃した人はみな、あのようにならなくても済んだのではないかという思いを抱いた。しかしながら、どうすればよかったのかという答えはなかなか出ない。かくも大規模な失敗は、多くの人の小さな失敗が積み重なったものである。けれども、すでに腐っている木から枝が落ちるように、最大の影響をもたらす最大の失敗というものは、物理的、政治的、社会的なシステムがすでに弱くなっている部分で生じる。

ニューオーリンズの堤防が決壊したのは、浸食する川から身を守ろうとして設計された堤防だったからだ。長い目で見れば、必ず川が勝つのである。ミシシッピ川の洪水管理システムは人間による土木工学の快挙のひとつだが、所詮それは不可能な戦いを挑んでいるようなものだ。川を効果的に管理するためには川が移動することを受け入れ、そうした変化を抑え込もうとするのではなく、それに合わせることを学ばなければならない。ニューオーリンズを除けば、活三角州の上に大都市がひとつも存在しないのには意味がある。

ハリケーン・カトリーナで政府が市民の期待を裏切ったことは否定できないが、失敗はハリケーンの発生よりずっと前から広く存在していた機能不全に起因する。市と州のあいだの不信感は協力を不可能にした。ニューオーリンズに長くはびこっていた汚職のせいで復旧は行き詰まり、市民は悲惨な状況に置かれ続けた。

あまりにも多くのアメリカ人が、アフリカ系アメリカ人の同胞が犠牲になったのは状況のせいではなく、彼ら自身の選択によるものだと考えてしまった。意識しているにせよ、いないにせよ、苦しんでいる人に非があると考える傾向は、自然災害に対する反応としてきわめて一般的で、避けることができないようにさえ感じられる。人は本能的に自分が制御できない力によって苦しめられるという考えを拒む。そこで、安心したいがために被災者に責任を押しつける。それは思いやりの衝動と同じくらい人間にとって自然なことで、完全に抑えることはできないだろう。けれども、その傾向を認識していれば、自分の周囲でそれに気づくことができるようになる。次の災害に遭遇するときには、その状態に陥らなくてすむはずだ。

# 第10章 災いを招く
## イタリア、ラクイラ、2009年

地震を予知するのは愚か者と詐欺師だけだ。——チャールズ・リヒター

MITの大学院生だったわたしは、中国で実施した調査との関連から、地震予知に関する新聞記事で取り上げられたことがあった。その後すぐ、スコットランドの男性から手紙がきた。その人物は地震だけでなく「火山、ハリケーン、嵐、火事、殺人、心臓発作、レイプほかの自然災害」を予知する方法を知っていると書いていた。殺人とレイプが自然災害？　小さな字でびっしりとタイプされたその4ページの手紙には、その人の歪んだ世界観が現れていた。わたしはショックを受けながらそれを読んだ。先輩の地震学者が言った。「ようこそ地震学の世界へ。そろそろいかれた手紙用ファイルを作らないとね」

ある程度知られた地震学者ならだれでも、憂鬱になるほどの頻度でこの種の手紙を受け取る。わたしは数占い、月相、水脈占い（地下水を発見する怪しげな方法）、独創的な聖書の解釈、あげ

くの果てには自分の体の不調で地震を予知する人々から、手紙や電話をもらったことがある。ある女性はパサデナにある地質調査所オフィスにたびたび電話をかけてきては、頭痛でサンフランシスコ地震、下痢で（4世代目ロスっ子のわたしはさすがにこれは失敬だと感じるが）ロサンゼルス地震を予知したと語った。別の人物は毎朝外に出て玄関前に残されたナメクジの跡を紙に描き、形がよく似た沿岸部で地震が起きると予言した。わたしたちのもとには何年ものあいだ、その線画が毎日ファックスで送られてきた。

これまでに見てきたように、人は偶然性を嫌い、予測可能なパターンを見出そうとして、しばしばとんでもない手段に訴える。たいていの人は、階段から聖書を投げて、開いたページを推測の根拠に用いることまではしない。けれども、地震を経験してきたほとんどの文化には、たとえば「地震の天気」のような言い伝えがある。わたしの母は1933年のロングビーチ地震を体験した。地震が発生した3月によくある霧の立ち込めた天気は、母にとって地震の天気だった。最初の大きな地震が1987年のウィッティア・ナローズ地震だった人には、その日に吹いていた10月の季節風、サンタアナ風が地震の天気である。地震でショックを受けているときに天気に気づくと、パターンを見つけたいという本能と確証バイアスが働いて、人はパターンにあてはまるものに目を向け、あてはまらないものは無視するようになるのである。

しかしながら、自分の地震予知を知らせてくる多くの人々はそれとはまったく異なるレベルに達していた。地震学者は地震がいつ発生するかを正確に把握しているにもかかわらず、その情報を公表したがらないと、彼らは信じ込んでいるのだ。地震の発生時期はどうしても予知できないと考えるより、わたしがうそをついていると思いたいのである。「次の地震がいつくるのかを公表できないことはわかっています」とある女性の手紙に書いてあった。「けれども、あなたのお子さんがいつ、よその町の親戚の家へ遊びにいくのか教えていただけませんか？」

＊

イタリア人は何千年も前から地震の予知を試みてきた。大プリニウスは『博物誌』のなかで、地震の天気に関する最初の仮説を展開している。「地震の原因は風だと考えてよいだろう。海がたいへん穏やかなときや、空があまりに静かで鳥が飛べないとき以外に大地が揺れたことはなく（中略）また大風が通り過ぎるまでは地震が起こらない[1]」。彼はまた、イタリアの山岳地帯に地震が多いとも述べている。「調べてみると、アルプス山脈とアペニン山脈が頻繁に揺れるとわかった[2]」

時とともに彼の時間的な予測は覆されたが、空間的なパターンはかなり信頼できることが証明された。アペニン山脈はイタリアでもっとも頻繁に地震が発生する地域のひとつである。イタリアの地震ハザードマップでは、長靴型の同国の背骨に沿った部分がもっとも危険な地域として示されている。それはこの地域の複雑なプレートの構造と関係がある。おおまかに見れば、ポンペイのときと同じように、アフリカプレートが北のユーラシアプレートのほうへ移動している。けれども、マイクロプレートと呼ばれる小さな断片がその境界周辺で押し合っているため、実際の構造はそれより複雑だ。アドリア海プレートはイタリアの東に広がるアドリア海の下にあるマイクロプレートで、アフリカプレートとユーラシアプレートのいずれとも関係なく動いていると考えられる。具体的には、アドリア海プレートの一部がイタリアの下に沈み込んで、南北に伸びるアペニン山脈を形成している。

多くの地震多発地域のなかでも特に、アペニン山脈の地震は群発する傾向がある。20世紀になろうかというころの初期の地震学で、ひとつの地震が次の地震を引き起こす状況を大森房吉が方程式にしたことは先に述べた。その基本原則はすべての地震にあてはまるが、方程式のパラメータは地域によって、また地震によってさまざまに異なる。たとえば、マグニチュード7の地震がひとつかふたつのマグニチュード5の余震しか引き起こさない小規模な余震系列の場合もあれば（1989年のサンフランシスコ近郊ロマプリータ地震）、マグニチュード5の地震が数百回も続く場合もある。また、2011年に日本の三陸沖でマグニチュード7・3の地震が発生した2日後にマグニチュード9が発生したように、前の地震を上回る大きな地震が続くこともある。個々の発生は予想しにくいが、こうしたバリエーションには地域的な傾向が見られる。アペニン山脈は小さな地震が連続して発生することが多い地域だ。そうは言っても、その群発地震のなかにときどき被害をもたらすような大きな地震が含まれることはまちがいない。群発地震が何日も、何週間も、何か月も続いたのちに大きな地震が起きる可能性がある。もちろん、起きない可能性もある。

このタイプの群発地震は、リスクについて語ろうとする地震学者にとって頭痛の種だ。ローマにあるイタリア国立地球物理学火山学研究所の調査によれば、イタリアの群発地震のおよそ2パーセントに大きな地震が含まれる。[3] つまり、群発地震が始まったら、それが続いているあいだに被害をもたらす規模の地震が起きる確率は2パーセントということになる。裏返して見れば、被害をもたらす地震が起きない確率は98パーセント

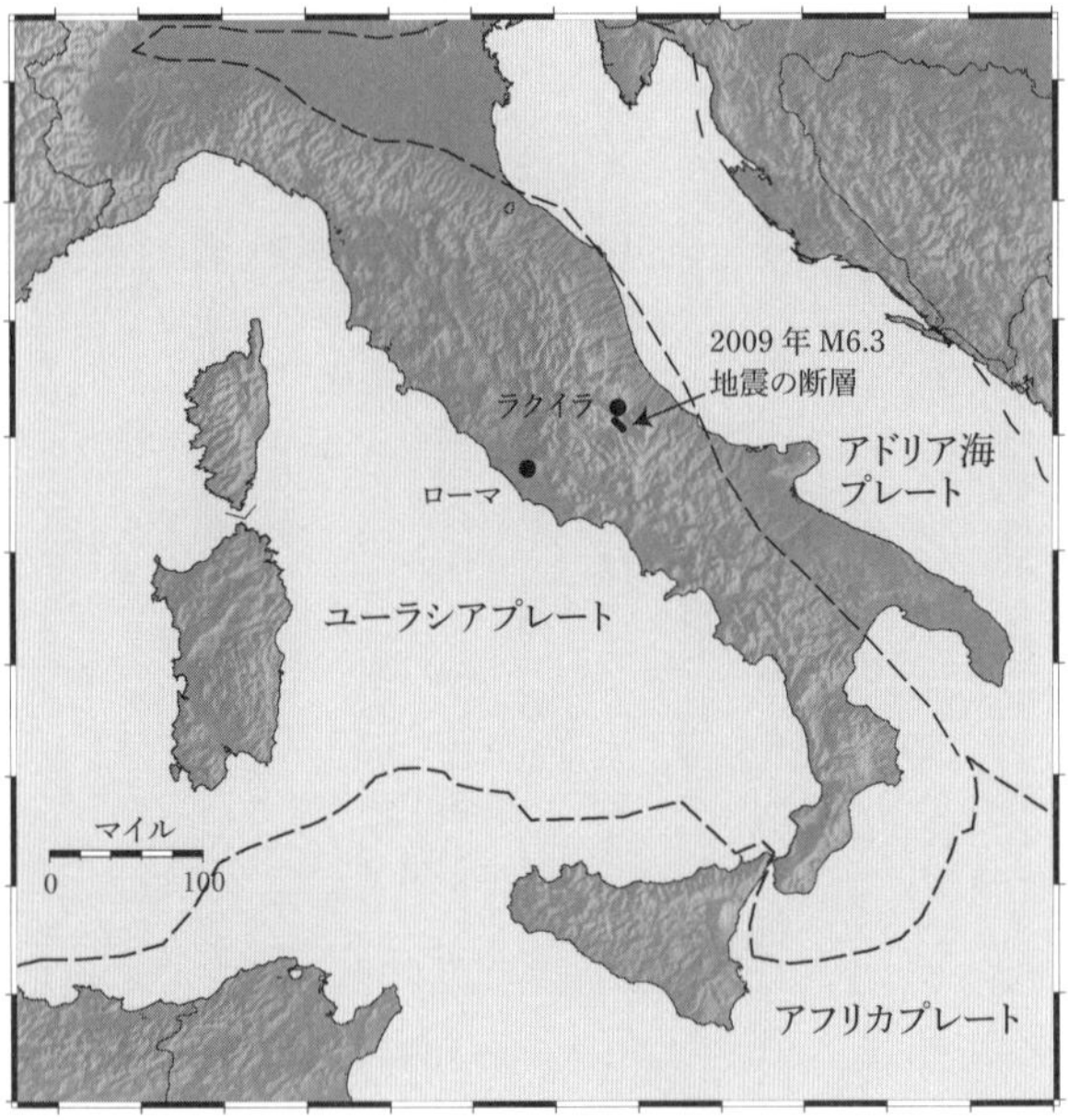


イタリアの地図。プレート境界とラクイラ地震が示されている。

だ。それにもかかわらず、この数字はリスクが著しく高まることを意味している。そのちがいを考えてみよう。大地震がめったに起こらない場所があるとする。通常は、たとえば、ある月に大地震が発生する確率が1万分の1だとしよう。群発地震が始まるとそれが50分の1になって、リスクが２００倍になるのである。

それでもまだ50回に1回だ。群発地震50回のうち49回は被害はないだろう。では、一般市民には何と伝えればよいのだろう? リスクが２００倍になったと言うべきか。それとも、98パーセントは何も起こらないと言うべきか。

＊

地震学者は地震の予知と愛憎の絡み合った関係にある。パターンを見つけて予測したいという衝動は科学者ならだれでもそのＤＮＡに刻み込まれている。それでいて、地震の予知はいつも手が届きそうで届かない。地震学者は20世紀初めから、意味のあるパターンを探し出すべく地震の分類を始めた。初期の偉大な地震学者のひとり、ハリー・ウッドは、１９２１年にカリフォルニア州南部に最初の地震計を設置することを提案した。その理由として彼は、小規模な地震が発生する場所がわかれば、その情報から大地震の発生場所がわかる可能性があると述べた。のちにこれは部分的にしか正しくないと判明した。たしかに、小さな地震の一部は主要な断層の近くで発生するが、サンアンドレアス断層は動かない。それが動くのは最大の地震が発生するときだけである。そして、1891年に大森が示した基本的な余震誘発パターンを除けば、小さな地震からは大地震の発生時期に関する明確な情報は得られない。予知に望みをかけるのは、自称予知者からひっきりなしに送られてくる無益な手紙はもちろん、エセ科学や、はては地震予知を語る詐欺と同レベルである。学者はとうの昔にそうした主張はどれもかなり怪しいということを学んだ。

1920〜30年代に収集された初期のデータからパターンは存在しないとわかったため、ほとんどの科学者は代わりに地震が発生する原因に焦点を合わせるようになった。ところが、ありえないほど犠牲者の少なかった海城地震で何かがうまくいった。すると、アメリカ、日本、ソ連で、それを機に一気に謎を解き明かそうと、地震の予知に関する政府の正式な取り組みが再開された。

海城地震からは予知に対する中国の取り組み方がいくつかわかる。同国でもそれ以外の場所でも、ほとんどの研究では、大地震が発生するためには断層に沿って圧力が高まる必要があるのだから圧力増加の形跡を探すべきだという考え方が中心になっていた。そこで、地面の歪みを直接計測するひずみ計が断層に沿って設置された。中国の科学者は地下水における化学的性質の変化を調査した。それは物理的に意味があるように思われた。つまり、岩盤の圧力が高まって亀裂が入れば、水中にガスが放出されて、化学物質の構成が目に見えて変わる可能性がある。亀裂はまた、おそらく付近の岩盤の電気伝導率にも変化をおよぼすだろう。カリフォルニア州では、中国の市民科学にならって、動物が人間より先に地震を感知できるかどうかを見極めようと、対照研究さえ行われた。マグニチュード5の地震がよく起きるサンアンドレアス断層中部の農家が、動物の行動を報告する取り組みに参加した。農家は少なくとも週に一度、報告書を提出した。ただし、地震が起きてから地震前の行動について報告してはいけないと指示された（本当に地震が起きたと知っていることが報告に影響をおよぼさないようにするため）。

けれども、年月の経過とともに、そうした調査の大部分は無駄骨だとわかった。ひずみ計は変化を記録したがそれは地殻の圧力ではなく、カリフォルニアの極端な気候によって干魃と洪水が繰り返されるたびに生じる地下水位の変化が反映されていたと分析からわかった。水質の化学変化の調査もまたあてがはずれた。当初は地下水のラドンガスが指標として使えるのではないかと期待されていた。ラドンは放射性崩壊によって発生し、特に花崗岩内に多い。水中のラドンが増加すれば、地殻に亀裂が入っている、すなわち地震活動が生じていると推測することは理にかなっているように思われたのだ。けれども、アイスランドで実施された綿密な調査から、地震よりも岩盤にかかる圧力が大きい火山の噴火前でさえ、ラドンはまったく変化しないという結果が実証的に示された。そして、やはり動物は地震を予知できなかった。対照研究からは地震前の異常行動の報告件数はそれ以外と差がないことがわかった。頭の切れる若い研究者たちは、予知などよりもっと結果を出せるテーマのほうがやりがいがあると考えた。そこで、およそ20年間集中的に取り組まれたのち、予知への関心は再び消えていった。

地震とはそのような性質のものなので、長期的なパターンを探しあてたように見えても、やがて否が応でも予測が根本からまちがっているという事実に直面することになる。そもそも、地震は絶えず起きている。偶然言いあてることは驚くほど簡単である。マグニチュード5の地震は8時間ごとに世界のどこかで発生している。もし、場所を指定せずに「明日マグニチュード5の地震があります」と述べれば、おそらくあたるだろう。

それが詐欺に利用されることもある。こんな話を聞いた覚えがある。1994年、ある男が翌週マグニチュード6以上の地震が起きると告げるファックスをロサンゼルスの会社に送りつけた。予知どおりに、400億ドルもの損失を招いたノースリッジ地震が発生したため、その会社は感服した。会社は毎週地震の予知情報を買わないかという男の提案を即座に聞き入れた。会社が知らなかったのは、男が毎週同じファックスを異なる会社に送りつけて、まぐれで予知が的中するのを待っていたことだった。

さらに油断ならないのは自分で自分をだます能力である。たとえば自分が科学者で、あるとき、ある場所のマグニチュード5の地震を言いあてたとしよう。マグニチュード5の地震は偶然発生したとも考えられる。仮にその確率を5パーセントとしよう。さて、自分の予想枠内でマグニチュード4・7の地震が起きる。これはかなり近い。そうだろう？　的中したと考えてよいはずだ。そうだろう？　ところが、マグニチュード4・7が偶然発生する確率は5パーセントではなく10パーセント、つまり2倍なのである。よって、的中したと考えてしまうと、予知の成功の定義を実際の状況に合わせて変えてしまうことになり、統計としての価値が失われる。くわえて場所と時間にも若干の幅を持たせると、よかれと思って始めた予知でもまったく意味がなくなってしまうのだ。

数々の研究者がこの落とし穴にはまって統計学者にいさめられた。地震学者のほとんどは現在、明らかに的中したように見える予知でも怪しいと主張する。複数の事象に関する予測が妥当で、かつ偶然の確率よりも目に見えて高いことを示せなければ、予知の手法とは言えない。この数十年であまりにも多くの誤報に惑わされた結果、予知を求める声は小さくなった。そうでなければ今ごろは、確証バイアスにだまされて、パターンを発見したと信じ込んでいただろう。実際にやっていたことは、偶然に配置されている星をつなげて星座を作っていただけだったのに。

*

２００９年1月、イタリアの古都ラクイラ近郊で群発地震が始まった。ラクイラは中世に99の村の連合を守る城塞都市として、神聖ローマ皇帝フェデリーコ2世によって築かれた街である。皇帝は、日増しに強まるローマ教皇の政治権力から村々――と自分の国――を守っていた。そのため「鷹」を意味するその名がつけられたという。ラクイラは数世紀にわたって、地域の交通、商業、通信の要所であり続け、現在はイタリア、アブルッツォ州の州都である。アペニン山脈の標高約720メートルの高所にあり、7万人が暮らしている。地震の歴史は長く、1349年（犠牲者800人）、1703年（3000人）、1786年（6000人）に死者が出た記録が残されている。

2009年1月に始まった群発地震は2月、そして3月になっても続き、数多くの体感地震を伴った[4]。同市の地震史を考えて、居住者は次第に落ち着きをなくし始めた。2009年の最初の数か月、学校では屋外への避難が繰り返された。

そこへ、ラクイラ市民で、国立核物理学研究所の一部門であるグランサッソ国立研究所の技術者、ジャンパオロ・ジュリアーニが登場した。放射性ガスを検知する機械を担当していたジュリアーニは、2009年の初めまでに、ほぼ10年にわたって地震のパターンとラドンの有無の関係について調査していた。新たな群発地震は彼にとって自分の思いつきを確かめる絶好の機会だった。2009年2月、ジュリアーニはラドンの計測値に基づいて、いくつかの予知情報を出した。それがマスメディアに流れ、さまざまな記事のもとになった。彼が市当局に文書で予知情報を提出したことは一度もないため、正確に何を予知したのかはわからない。あるのは記事だけだ。

ジュリアーニの予知に対して、政府の地震研究センターであるイタリア国立地球物理学火山学研究所の科学者は、その地域の地震に関する当時の解釈に即した声明を発表した。この種の地震は一般的であり、信頼性の高い地震予知は今なお不可能であり、大地震の危険性は現時点では低い。これらは真実を述べた声明だったが、市民の不安はほとんど解消されなかった。3月中旬、相変わらず地震が続くなか、イタリアのブログサイト、ドンネ・デモクラーティケが、継続している地震活動についてジュリアーニに意見を求めた。彼は、その地域の群発地震は大きな事象の前兆ではなく「正常な現象」であり、3月末までには収まるだろうと述べた。[5]

ところが、3月30日、それまでで最大となるマグニチュード4・1の地震がラクイラを襲った。ジュリアーニはそれをうけてまた予知情報を出した。ラクイラから55キロほど南東にあるスルモーナの町長に、6〜24時間以内に被害が出るほど大きな地震がくると告げたのである。町長は行動を起こした。拡声器を積んだトラックが町を走り、[6]警告を広く報じて、避難を促した。多くの人が家から離れたが、結局地震は起きなかった。

つまり、ジュリアーニは少なくとも2回、明確な予知情報を出したものの、事実は確認されなかったことになる。そのあいだにも地震は頻繁に感じられ、マスメディアはなおも彼にコメントを求め続けた。イタリア政府は手を焼いていた。当局はジュリアーニが不必要に住民をパニックに陥れていると批判したが、それまでの空振りにもかかわらず、彼の予知を信じる住民は少なくなかった。

政府はジュリアーニと同じくらい説得力のあるメッセージを発信する必要があると考えた。その使命は、防災庁と科学界のコミュニケーションを担当する正式な政府機関、大規模リスク予測・防止委員会に委ねられた。地震科学者と工学者からなるその委員会は、年に一度ローマで会合を開いて調査と監視活動の見直しを行うが、差し迫ったリスクを評価するために緊急時に招集されることもある。

異例の対応として、政府は3月30日土曜日、大規模リスク委員会の特別集会をラクイラで開いた。会合はわずか1時間で終了した。ひと月後にまとめられた内容は会議のほんの一部分だけで、あまり信頼できる情報源とは言えないが、わかっているのは、当局が人々を安心させるような説明を作り上げるために会合を開いたということである。防災庁の長官だったグイド・ベルトラーゾが、別の調査の一環で行われていた会議前の盗聴で、そう語っているのが録音された。「地震がまったく起きないより、マグニチュード4が100回起きるほうがいい。100回の地震でエネルギーが放出されれば被害をもたらすような大地震は絶対に起きない」[7]。専門家は一般市民に対してそう説明することになるだろうと彼は述べた。

会議が終わると、参加していた6人の科学者はすぐにその場を離れたが、防災庁の幹部だったベルナルド・デ・ベルナルディニスは会合について記者会見を開いた。彼は、盗聴されていた上司が会合前に語った群発地震の利点に関する所説をそのまま繰り返した。「科学界は危険はないという意見でした」と彼は述べた。「エネルギーの放出が継続しているためです。状況は楽観できると思われます」。記者が質問すると、はい、落ち着いてワインでも飲んだらいいでしょう、と答えた。

デ・ベルナルディニスとベルトラーゾが与えた安心感の根拠となった、小さな地震は大地震のリスクを下げるという主張は明らかにまちがいである。それはちょっとした庶民の知恵で、わたしもたびたび訊かれるが、希望的観測以外の何ものでもない。大地震は小さな地震よりたくさんのエネルギーを放出する。では、小さな地震が多発すれば蓄積されたエネルギーが徐々に放たれるのではないか、と議論は続く。直感的には意味が通りそうだが、実際に観測された地震に共通する特徴は、それとは反対である。チャールズ・リヒターが地震の規模を計算した最初の一連の地震、すべての余震系列、世界各地の地震を地域ごとにグループ分けした場合のいずれにおいても同じだ。小さな地震と大地震の相対的な数は一定なのである。小規模な地震が多くなれば大規模地震も多くなる。数学者はそれを自己相似的分布と呼ぶ。

リヒター・スケール（マグニチュード）で言うなら、これはマグニチュード3の地震1回に対して、マグニチュード2の地震がほぼ10回起きるだろうという意味だ。マグニチュード6が1回なら、マグニチュード5はほぼ10回、マグニチュード4は100回、マグニチュード3は1000回である。むろん、多少の変動はあるだろう。しかし、この分布は地震学の公理である。地震学者が、小さな地震がたくさんあるから大きな地震は発生しにくいと述べることはけっしてない。

では、なぜ防災庁はそのような発言をしたのだろう？　ベルトラーゾの録音された会話からは、彼が会議の前からそう考えていたことがわかる。国民を危険から守る責任を負っているのは防災庁だ。記者会見に科学者は立ち会わなかった――招かれなかったように見える。科学者のひとりはローマに戻るまで何が起きたか知らなかったと述べた[8]。それでも、なぜ地震学者はあとになってから率直に、報道官はまちがっていると言わなかったのだろう？

＊

翌週、4月5日日曜日の棕櫚《しゅろ》の主日、マグニチュード3・9の地震がラクイラを襲った。ラクイラ出身の48歳の外科医、ヴィンチェンツォ・ヴィットリーニは自分の行動について、のちにネイチャー誌にこう話した。「父は地震をおそれていました」と彼は思い出を語った。「それで、たとえほんの少しでも、地面が揺れるたびに、家族を集めて家の外へ連れ出しました。全員で近くにある広場まで歩いて、子どもたち――4人兄弟――と母は車で寝ました」。その前の週にマグニチュード4・1の地震がラクイラを襲ったときには怯えた妻が電話をかけてきたため、彼は父の教えにしたがって、外に出てしばらく家に入らないよう伝えた。けれども今回は、前週の地震後に街でうわさされていたような大地震が起きる可能性は低いと、当局が発表した記者会見が頭にあった。妻と娘とともにどうすべきかを話し合ったが、屋内にとどまろうと最終的に彼がふたりを納得させた。

数時間後、3人は主寝室で寄り添って寝ていた。4月6日午前3時32分、マグニチュード6・3の大地震が発生してラクイラを引き裂いた。環太平洋の地震に比べれば規模が小さく見えるかもしれないが、このサイズの地震でも断層の真上の揺れは途方もなく大きい。事実上すべての建物が被害を受け、2万棟が全壊した。1703年の地震後に再建された旧市街はほぼ壊滅状態だった（危険なため、それ以来何年も立ち入り禁止になっている）。第二次世界大戦後の急成長期に建てられたそれより近代的な建物でさえ、ほとんどが耐震基準が制定される前に設計されたものだった。くわえてその多くが基準に満たない素材や手抜き工事のしわ寄せを受けた。ラクイラ大学の寮が崩壊して学生が死亡した。6万人を超える人々が地震で家を失った。政府はそのうちの4万人を収容できるテントを避難センターに設営した[10]（イタリアのシルヴィオ・ベルルスコーニ首相は、政府が滞在費を負担するのだから感謝すべきだ、海辺の休暇だと思ってくれと述べて、被災者の感情を逆撫《さかな》でした）。

ヴィットリーニ医師は、大きなミキサーのなかにいたかのようだったと地震を表現した。1962年築の集合住宅は完全に倒壊した。3階にあった彼の家が地面から数十センチの高さになっていた。彼は6時間後に生きて助け出された。妻と9歳の娘は亡くなり、崩壊したラクイラで犠牲になった309人のうちのふたりとなった。

*

これまで見てきたように、災害では必ずだれかに責任を取らせたいという衝動が生まれる。被災したラクイラの市民は、政府当局とその根拠のない保障に容易に的を絞ることができた。政府は災害から数週間後、防災のための地震予知に関する国際委員会を開いてそれに対応した。

中国、フランス、イタリア、イギリス、ドイツ、ギリシア、ロシア、日本、アメリカの9か国から、著名な10人の地震学者が集められた。元マサチューセッツ工科大学地球科学部長で当時南カリフォルニア地震センター長だったトーマス・ジョーダン博士が議長を務めた。彼とチームは世界中の地震予知を包括的に評価して、予知は不可能であることを確認した。地震から数か月後に発表された結論では、科学界は研究調査だけでなく、一般の人々に効果的にそれを伝える点においても責任を持つべきだと述べられていた。

こうしてラクイラが被災した「責任」の所在を明らかにする道筋ができた。ところがそれだけではまだ十分ではなかったとわかる。地震から17か月後、科学者と防災庁の官僚はもっと具体的な形でとがめられることになった。2011年9月、アブルッツォ州検事が、防災庁の幹部だったベルナルド・デ・ベルナルディニスと、3月30日の運命の会議に参加した科学者と技術者の6人を、誤った情報で市民を安心させたとして非故意故殺の罪で起訴したのである。

世界中の科学組織が猛烈に反発した。なかでもアメリカ科学振興協会、国際測地学および地球物理学連合、アメリカ地震学会は、起訴は科学への攻撃だと非難する書状をイタリアへ送った。

しかしながら、ラクイラはけっして科学の失敗ではない。データの意味合いを伝えることに失敗したのである。人は惨事に遭遇すると必ず「どうにかできなかったのか?」と問う。ラクイラの場合は明らかな答えがそこにあった。「ジュリアーニの予知に気を取られて、当局は災害の危険が高まっていることをはっきり告げなかった[11]」と、国際委員会のジョーダン博士は述べている。

「また、ラクイラの人々に地震の危機に備える方法を助言することにも目が向けられていなかった。代わりに、当局は一連の事情から『大地震はくるのか？』という単純なイエスかノーかの質問に答えるはめに陥った」。それにノーと答えたことで、決定的な、そして最終的に誤っていた声明を出してしまったのである。

検察側の訴えはヴィットリーニ医師のような人々の証言にかかっていた。同じく被災したマウリツィオ・コラは、3月30日のマグニチュード4・1の地震では家族を屋外の広場へ連れていったが、政府が大丈夫だと言ったため、4月5日夜に起きたマグニチュード3・9の地震以降は家にいたと語った。彼の妻と娘ふたりは集合住宅が倒壊して死亡した。

彼らの証言には説得力があり、検察側に有利だった。被告の7人全員が有罪判決を受け、6年の禁錮刑を言い渡された。その後3年のあいだに[12]、裁判は2度、控訴裁判所に持ち込まれた。1審の裁判官は、専門家が「うわべだけでおおよその一般論的な」リスク分析を行い、リスク委員会で責務を果たさなかったと結論づけていた。控訴審では、裁判所が委員会のメンバーの分析内容をもとにその判断を覆した。地震が多発したからといってリスクが大きく変化するとは考えられないと述べることが、科学的見解として妥当であり（その研究分野の一致した見解とまではいかないが）、委員会の結論も同様だった。それに続く控訴審で、検察は、デ・ベルナルディニスが記者会見で述べた「エネルギーの放出により状況は楽観できる」という考え方を科学者が否定しなかったのは犯罪だと主張した。最終的に、裁判所はデ・ベルナルディニスだけがとがめられるべきだと判断した。彼は禁錮2年に減刑されて有罪が確定し、科学者は無罪になった。

＊

このような裁判沙汰はきわめて珍しいが、イタリアの科学者が立たされたような苦境はそうではない。わたしは同僚とともにカリフォルニアで同じような状況に陥ったことがある。ラクイラ地震の3週間前、マグニチュード4・8の地震がサンアンドレアス断層南端からほんの5キロほどの場所で発生した。ひとたび地震が起きるとそれが引き金となって周辺地域で別の地震が発生する可能性が高くなるため、その震源の位置は重要だった。この事例のようにきわめて長い断層がすぐ近くにあると、非常に大きい地震が引き起こされる確率が著しく上がる。それより20年ほど前、わたしはカリフォルニア大学サンディエゴ校からきていた同僚のダンカン・アグニューとともに、その危険の増加度を推定する方法を作成していた。2009年3月の地震のような引き金となりうる地震が発生した場合、サンアンドレアス断層でその後3日間に、少なくともマグニチュード7以上の巨大地震が発生する確率が1～5パーセントになると算定された。

イタリアのリスク委員会に相当するカリフォルニア州の組織は、カリフォルニア州地震予知評価評議会(CEPEC)である。当時わたしはCEPECの委員を務めていた。マグニチュード4・8の地震から1時間以内に会議が開かれた。意見がまとまるまでに2時間かかったため、カリフォルニア州に懸念を伝える1ページの声明案が送られたころには、地震から数時間が経過していた。その声明案では、絶対的な意味でのリスクは低いが、それでも長期的なリスクの100倍も危険が高まっていることが指摘されていた。わたしたちは発表に備えて、たとえば水の確保など、カリフォルニア州南部の住民がとれる具体的な行動案も準備した。あとは州が声明を発表するのを待つだけだった。

この手順は、1980年代末に行われた、カリフォルニアの科学者とカリフォルニア州危機管理局の合意に基づくものだった。こうした声明がもたらす結果に対処しなければならないのは危機管理局であるため、同局が先に内容を確認したうえで、それを一般市民に伝える中継地点となるのはもっともなことだった。そこで、地震観測者のネットワーク、CEPEC、危機管理局のあいだで役割分担が決められた。地震観測者はデータの分析を行って何が起きているかを突き止め、CEPECがリスクの評価を書き上げ、危機管理局がそれを報道機関と一般市民に公表する。科学者が前面に立つのを避けるため、危機管理局はそうした情報が伝達されてから30分以内に声明を出すことになっていた。

この合意が推し進められたのは、カリフォルニア州で地震が多発していた1986年から1994年の時期だった。当時は機能すること、しないことを検討する機会がたくさんあった。けれども2009年にはすでに、大きな地震がほとんど発生しない比較的静かな時期に入っていた。州知事は次々に入れ替わり、職員、科学者、技術者が退職して、関係が失われた。その3

月にＣＥＰＥＣから知事室に声明案が送られたとき、受け取った相手はそのような報告書を見るのはほとんど初めてだった。

何も起こらなかった。公式声明は出されなかった。数時間後、地震観測とＣＥＰＥＣの科学者はそわそわし始めた。さらに数時間経ってようやく返事があった。「危機管理局は公式声明を出さないことを決定しました」

わたしたちはどうすべきかを話し合った。地震が引き起こされるリスクは時間とともに急速に小さくなるため、危機管理局が声明を保留するとわかったときには、すでに追加されたリスクの少なくとも半分は消えていた。連邦組織である地質調査所が独自に公式声明を出すことはできるが、それまでずっとカリフォルニア危機管理局を通してきたため、それを承認する仕組みが整っていなかった。結局、公式声明は出されなかった。そして、だれもが知っているように、サンアンドレアス断層の地震は誘発されなかった。

それから数週間も経たないうちにラクイラで地震が発生して科学者が責任を問われたとき、防災のための地震予知に関する国際委員会とＣＥＰＥＣの両方に関わっていたトーマス・ジョーダンと、わたしは、自分たちが間一髪で危機を逃れたことを悟った。もしサンアンドレアス断層地震が引き起こされていたら、そしてもし、科学者が5パーセントの確率で発生すると言っていたにもかかわらず（1〜5パーセントという幅はまちがいなく切り捨てられていただろう）、それをわたしたちが一般市民に知らせなかったことが判明したら（もちろん判明するだろう）、わたしたちは断罪されただろう。また、そうなって当然だった。

＊

科学は、それを実践する人が自由に反対意見を述べられてこそ機能する。ラクイラの訴訟に巻き込まれたイタリアの科学者の多くは、地質学的な災害の状況について二度と意見を述べたくないだろう。彼らが躊躇する気持ちは理解できる。けれども誤解、あるいはひどい場合には一般市民による操作をおそれてそうした情報を知らせないのは、結果として人々に害を与えることになる。災害直後は情報の空白が生じる。科学者がそこを埋めなければ、だれかが埋める。ラクイラの例はそうした状況に潜む危険性を十分に示している。

科学者は独特な環境で働いている。一定量の知識と専門性があることが前提で、意見の衝突と討論はあたりまえだ。自分の分野以外の人々が自分の言わんとすることを理解できないときは、うまく伝えられない自分ではなく相手を責めるほうがはるかに簡単である。

科学の研究はおもに大学や政府の研究所で行われる。そうした環境では大発見、つまり著名な学術誌に最高の論文を掲載することが賞賛される。科学を一般向けの情報に置き換えるために時間を費やすと、自分のキャリアを築くための研究時間が減ることになる。一方、対極には、最新の科学に基づいて安全な都市を築いたり、生態系を管理したり、ライフラインや交通システムを保護したりする地方政府、都市計画者、技術者、公共事業管理者がいる。彼らには科学者の研究を実用に置き換えるための予算はない。科学の活動は、科学者と科学をもっとも役立てることのできる人々のあいだに、あまりに大きすぎるギャップを生んでいる。

もっとも基本的なレベルで、地震の発生について知識を得るために人々はなおも地震学者を必要としている。今日においてさえ、なぜ地震が断層に沿って数メートルすべって止まり、マグニチュード1になるのか、また、数百キロすべってマグニチュード7になるのかはわかっていない。地震発生前に地中で何かが起きたためなのか、それとも地震が断層に沿って走るときに何かにぶつかる（あるいはぶつからない）かどうかという力学上の問題なのかはわかっていない。もし後者なら、人々が望むような予知はけっしてできないだろう。

今のところ、地震パズルのうち偶然ではないピースはひとつである。それは前震、余震、誘発があるとわかっていることだ。科学者はそうした情報をできるかぎり明確に一般市民に伝える必要がある。また、そうした情報を一般の人々に預けなければならない。誤解をおそれれば、科学者の洞察力を役立てることのできる多くの人を蚊帳の外に置くことになる。科学は結果を広く共有してこそ機能する。

さしあたってわたしに言えるのは、今日も、いつでも、カリフォルニアで地震は必ず起こるということだ。それがどれほど大きいかはだれにもわからない。

# 第11章 不運の列島

## 日本、東北地方、2011年

もし今、地獄の中にパラダイスが出現するとしたら、それは通常の秩序が一時的に停止し、ほぼすべてのシステムが機能しなくなったおかげで、わたしたちが自由に生き、いつもと違うやり方で行動できるからにほかならない。

――レベッカ・ソルニット、『災害ユートピア』(高月園子訳)

大惨事はひとつの要因だけで生じるものではない。わたしたちは個別の事象なら対処できる。自動車事故の原因にたとえて考えるとよいかもしれない。ひとりのドライバーが子どもに気を取られていなければ、もうひとりのドライバーがちょうどその瞬間に車線を変えていなければ、3台目の車が雨ですべっていなければ、事故は起こらなかったかもしれない。要素がひとつでも欠ければ、うまく軌道修正できて事故は防げる。

これまで見てきたように、自然災害に直面する社会でも同じ原理が働いている。リスボン地震と関東地震が大震災になったのは、大きな揺れだけでなく、それによって火事が発生して、ちょうど不運な時間、時期と重なったためである。リスボン地震が諸聖人の日のミサの時間を襲ったのでなければ、関東地震が昼食時でなければどうなっただろう。ニューオーリンズはハリケーン・カトリーナだけに壊されたのではなく、続いて起きた人工堤防の決壊もまたその原因だった。もし地元の委員会ではなくアメリカ陸軍が堤防を点検していたなら?

これまで何度も述べてきたように、自然災害は弱い部分を露呈させてそこに圧力をかける。重大な体系変化がもたらされる場合もある。気温が上がり、乾燥する一方の気候にさらされている森林は、しばらくのあいだその重圧に耐えることができるが、やがて山火事に燃やし尽くされてもとに戻れなくなる。そこにあった生態系は消えてなくなり、新しい気候にうまく適応できた動植物に置き換わる。社会系についても同じであることは、同様の自然災害が繰り返し証明してきた。

一方で、極端な自然現象がもたらす破壊の傍らにはチャンスもある。災害は文明の崩壊に関わると同時に、しかるべき社会変化を媒介する役目も果たしてきた。

２０１１年3月11日の東日本大震災はまさにそのような事象だった。自然と人工の力が積み重なって大惨事が引き起こされ、そこにチャンスが生まれた。衝撃があまりに大きかったために、長年続いてきた文化の規範が作り変えられ、今も変わり続けている。本章で取り上げる女性たちはそうした変化の象徴である。彼女たちは震災前には想像すらできなかった形でそれぞれの地域社会に貢献した。２０１１年の地震は伝統文化の制約を吹き飛ばし、彼女たち、そしてほかの同じような人々に、社会を導く機会を与えた。

＊

日本は基本的に連なった火山で構成されているため、河川が数百万年かけて尾根や谷をなだらかにした場所にしかない平らな土地は貴重な資源である。日本最大の島、本州では、東京の北側にある長い谷に沿って交易ルートが作られ、古くは武士の拠点となっていた一連の都市ができあがった。福島市はこの谷に沿って東京から北へ３００キロほどの場所にある。その名前は英語に直訳するとIsland of Good Fortune（福の島）で、実際にもそうだった。２０１１年3月11日まで、福島にはにぎわいのある豊かな社会があった。

その日、佐原真紀は福島市の自宅にいた。細身で長身、前髪を下ろし、肩まで髪を伸ばしたこの若い主婦は、翌日に控えた娘の幼稚園の卒園式を心待ちにしていた。日本では学校の年度は3月で終わり、幼稚園では子どもたちが人生の新たなステージに入る節目として式典が行われる。その2日前、マグニチュード7・3の地震が家を揺らしたが、その規模の地震は日本のどこかで年に1~2回発生する。揺れに慣れていた佐原はたいして気にしなかった。

佐原はＰＴＡの代表として卒園式に出席することになっていた。ちょうどそのとき、着ていく予定だった着物を出していたと彼女は振り返る。伝統的な着物一式は複雑で、ひとつひとつを順序よくそろえておかなければならない。佐原は6歳の娘のことだけでなく、近くのホテルに勤務する夫のことも考えていたと記憶している。祖父母の家に滞在していたふたりの姪のことも頭にあった。姪の母親が白血病で入院していたため、治療のあいだ、佐原は姪の世話を手伝っていたのだ。

午後2時46分、揺れが始まった。ベッドには着物があった。大きな揺れがきて佐原は床に放り出された。手足を踏ん張りながら、揺れが収まるのを待った。さらに待ち続けた。立っていられないほどの強い揺れは1分以上続いた。

地震はマグニチュード9。日本のすぐ沖で発生していた。断層の長さは約４００キロ、その中心は福島の真東である。地震の規模は記録上4番目に大きく、すべり量は過去最大だった。それまで世界最大のすべり量は１９６０年のチリ地震だった。そのときの断層は長さがおよそ１２００キロ、最大のすべり量はおよそ35メートルである。つまり、断層の両側にあるふたつの物体が一瞬で30メートル以上離れた場所に移動したということだ（今日のサンアンドレアス断層に蓄積されているわずか8メートル弱のひずみと比べてみるとよい）。今回の日本の地震は、断層の長さは１９６０年チリ地震の3分の1しかないが、最大すべり量は約70メートルと、それまでの最大値の2倍に上った。それはまさに、ほとんどの地震学者が起こりえないと考えていた地震だった——実際に発生するまでは。

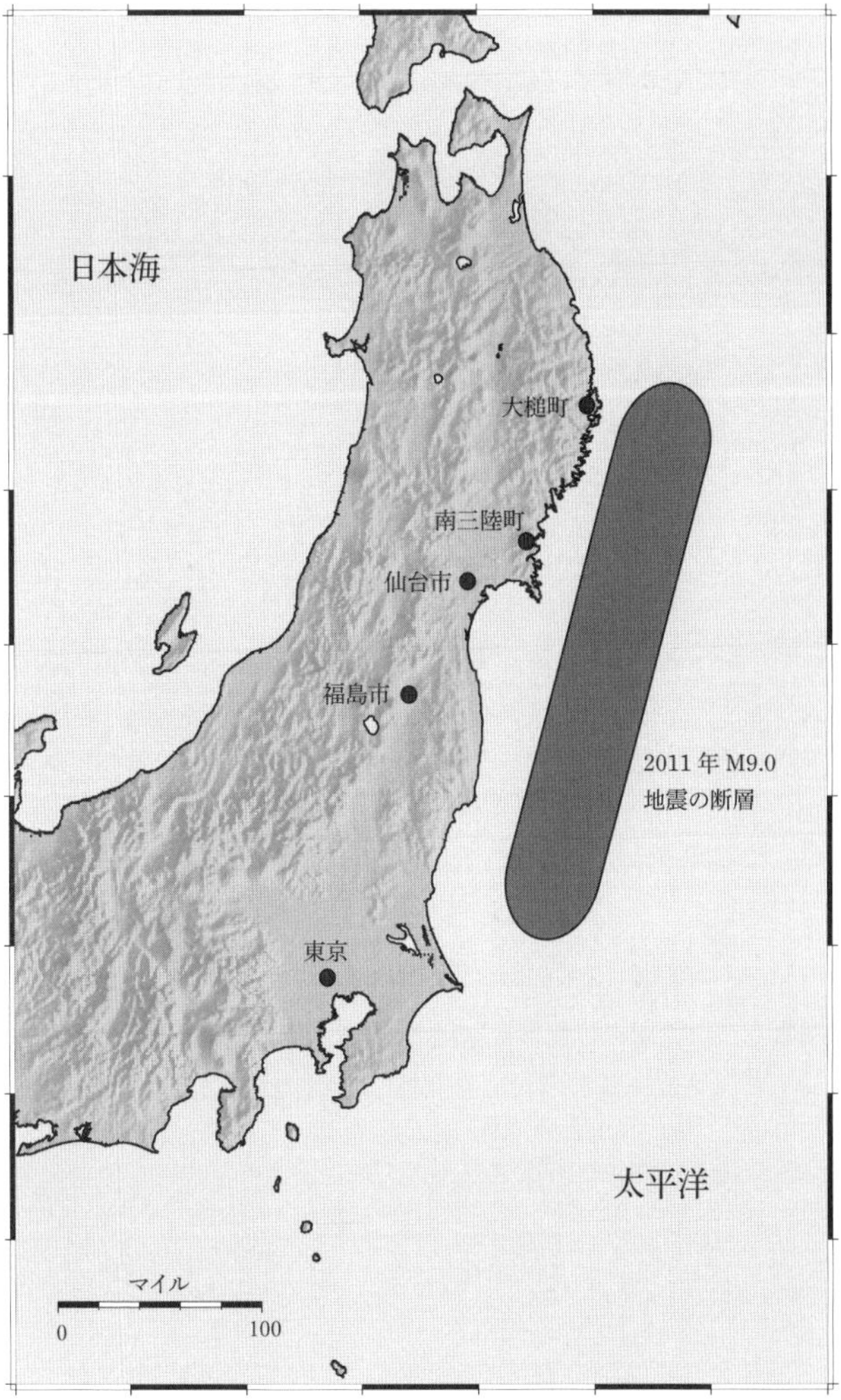


日本の地図。2011 年東北地方太平洋沖地震の断層が示されている。

ほかの多くの国なら建物が完全に崩壊していたであろうこの地震で、佐原の家で食器が割れただけだったのは、ひとえに日本の建築基準法（と、同じくらい重要なことだが、それを厳格に守らせていること）のたまものである。家は大丈夫だったが、停電が起き、携帯電話は回線がパンクしてつながらなくなった。佐原はまず幼稚園に駆けつけて、娘を連れ帰った。その後すぐ夫がようすを見にきたが、家族の無事を確かめると、怯えた客を手助けするためにホテルに戻っていった。佐原と娘は落ち着いて普段の生活に戻るのを待った。けれども母として、主婦としての人生がもとどおりになることはなかった。

*

福島の北へ谷に沿ってさらに進んだところに仙台市がある。佐原が娘の卒園式の準備を整えていたころ、35歳のカナダ人政治学者ジャッキー・スティールは、娘セナの生後6か月を祝っていた。彼女はパートナーとともにセナを大きなショッピングモール内の写真館に連れていって、着物、ドレス、みつばちのコスチュームなどを着た記念写真を撮影していた。ちょうどセナを自分の服に着替えさせて、残したい写真を選んでいるときに、揺れが始まった。床にしゃがみこんだが、揺れは収まるどころか激しくなり、モールの電気が消えて辺りが闇に包まれた。延々と続く時間のなかでジャッキーは赤ん坊を胸に抱きかかえていたが、驚いたことに周囲の従業員は冷静だった。ようやく揺れが止まると赤い非常灯が鈍く光り、繰り返し訓練されていた避難計画にしたがって、店員が建物の屋上へと顧客を誘導した。

屋上は駐車場で、ジャッキーの車はすぐ近くにあったが、彼女は動かなかった。ここでも建物に大きな被害はなかったが、周囲の人々は動転していた。ジャッキーの記憶によれば、男性が運転してその場を去ろうとしたものの、手順が思い出せないようだった。男性は交互に、急アクセルを踏んでは急ブレーキをかけていた。車は前のめりになっているように見えた。ジャッキーはそのような状態の人々と一緒に道路を走りたくなかったため、状況が落ち着くまで屋根の上で待つことに決めて、モールの従業員から支給された毛布を身にまとった。

福島から300キロ南、長い谷の反対側の端には東京があり、東京湾を囲む首都圏にはおよそ3800万人が暮らしている。細くてエネルギッシュな40歳の石本めぐみは、数多い東京の高層ビルのひとつで金融機関のCEOの秘書として働いていた。自分の仕事に不満を抱え、投資家のために金を儲ける以外のことがやりたいと思っていた彼女は、人道的な仕事をするために海外へ渡ろうと考えていた。

地震で高層ビルが揺れ始めたとき、床に投げ出されることはなかった。福島と仙台はどちらも地震の震源に近く、断層の真西にあるが、東京は地震の震源域の南端よりさらに南に位置している。地震波が東京に届くためには長い距離を移動しなければならないため、揺れは強く、ほぼ2分も続いた一方で、突き上げるような衝撃——もっとも速い高周波の揺れ——はその途中で失われていた。高層ビルの38階にいた石本にとって、そのゆっくりとした波は、大型のクルーズ船に乗って荒れた海で揺さぶられているように感じられた。

地震直後に停電が発生し、東京が誇る電車と地下鉄が停止した。何百万人もの通勤者が徒歩で帰宅せざるをえなくなった。幸運にも石本は比較的近くに住んでいたため徒歩2時間で帰り着いたが、同僚の多くは家に帰って家族の無事を確認するために6時間も8時間も歩いた。それでも、全体として見れば、東京にはたいした被害はなかった。

この時点で、日本はありえないほど巨大な地震に持ちこたえたように見えた。これがすべてだったら、子どもに一瞬気を取られたけれども事故を回避できたドライバーのように、あるいは干魃で減少した森林がやがてまた成長を続けるように、日本は傷を負ってもまだ元気な国だと言えただろう。続いて起きた大惨事はさらに複数の事象が重なったために引き起こされた。そしてそれは想定外の結果を招いた。

*

スマトラ島沖地震の発生はこのときから6年前だった。呆然と見つめる人々の目の前で繰り広げられた光景を思えばわかるが、沖合の地震の最大の被害は揺れそのものではなく結果として生じる海底の移動によってもたらされる。東北地方太平洋沖地震では約400キロの長さの岩のかたまりが最大で約70メートルほど動いて大量の水を動かしたため、必然的に津波が発生した。波は本州の最北東部、東北地方と呼ばれる地域を襲った。東北地方の海岸線は起伏が激しく、そのあいまに小さな町や村がはさまっている。ほとんどは日本料理で知られている魚介類を収穫する漁村である。都会から離れて孤立したこの一帯は、日本のなかでも特に昔ながらの習慣が続いている場所だ。長男は家業を継いで両親とともに代々の家に残る。嫁は夫の親族と暮らし、若い母親は家庭で子育てをする。女性の活躍の場はかぎられていた。

津波は地震と同じように日本の暮らしの一部で、ほとんどの町で防護対策が施されていた。2011年3月当時、多くの場所で、集落のある港付近の平坦地を守るために6メートルほどの防潮堤が築かれていた。津波が海岸に到達するまでに15～30分かかるため、強い揺れが起きたら高い場所へ避難するよう訓練が行われていた。危険は認識され、津波への備えも十分だと思われた。

たしかに、地震学者が想定していたような津波への備えはできていた。しかし、この地震は沖合の断層で発生しうるすべての予想を上回る規模だった。実際の津波は予想の数倍高く、多くの場所で13メートルを超えた。約30メートルに達したところもあった。とにかく圧倒的な高さだった。断層のすべり量が最大だった震源域の北半分に沿って、波の高さは全域で9メートルを超えていた。その地域の潮位計はとてつもなく大きな波で破壊された[1]。どれほど大きかったかはわからない。ただ、計器が壊れた高さより大きかったとしか言いようがない。

岩手県大槌《おおつち》町の上野拓也は何代にもわたって継がれてきた家で両親とともに暮らしていた。上野は町では数少ない大学卒、33歳の会社員だった。大槌町は人口1万6000人ほどの小さな町で、多くの人が漁師や魚の加工工場の労働者だった。製造拠点の管理職だった上野は毎日、北へおよそ60キロほど離れた地域最大の都市へ通勤していた。揺れが収まってすぐ、彼は職場の同僚とともに高台をめざした。眼下の街を津波が襲うのが見えた。大きなうねりが何度も何時間も打ち寄せた。命は助かったが、足止めされた。家に帰るための車道が崩れて帰れなくなったのである。上野は何とか近くのおじの家までたどり着き、そこで待った。

上野の母ヒロはその日ずっと、糖尿病の親族の治療に付き添って大槌町の診療所を訪れていた。ヒロは車を運転しないため、夫がふたりを病院に送り届けた。地震後、津波のリスクを知っていた患者と職員はみな、垂直避難と呼ばれる方法にしたがって、診療所の建物の屋上へと移動した(その方法以外に高齢で足腰の弱い人々を安全な場所へ連れていくことは不可能だっただろう)。建物はかろうじて津波よりも高く、患者らは難を逃れたが、彼らの目の前でまずは津波、それから火災が家々を破壊していった。

大槌町のほかの人々はそれほど幸運には恵まれなかった。地震直後、町は役場庁舎に災害対策本部を置いた。計画では役場庁舎を離れて高台へ移動することになっていたが、彼らはその場に残ろうと決めた。2日前のマグニチュード7・3の地震で津波警報が発表されたときには何も起こらなかった。今回の地震の警報では予想される津波の高さは3メートルだった。役場の前方には6・4メートルの防潮堤があり、十分すぎるほど安全であるように思われた。

多くの職員が表に集まって指示を待っていた。およそ13メートルの津波が防潮堤を越えてきたとき、彼らは庁舎に駆け込んで屋上をめざした。ところが屋上へ上がる通路には、はしごがひとつあるだけだった。生き残ったのは数えるほどで、数十人が波にさらわれた。町長と町役場の幹部の多くが亡くなった。大槌町の約1万6000人の住民のうち、およそ1300人が命を落とした。ヒロと親族は避難所へ運ばれた。彼女はそこで家族のだれかが迎えにきてくれるのを待つしかなかった。家は海の近くにあったため、津波ですべてが流されてしまった。何も残っていなかった。

津波から3日経っても、道路は開通しなかった。大槌町の人が古い林道を通って脱出していると耳にした上野は、その道を逆にたどり、大槌町に戻って避難所で母親を見つけた。彼を見るなり母は悲鳴をあげてその場に崩れ落ちた。父は戻ってきていなかった。

その後数週間、町は必死で破滅寸前の状態から立ち上がろうとした。国の緊急時対応要員が避難所を開設した。津波のがれきが回収された。遺体は政府が資金を提供した安置所に送られ、年齢、性別、体格で分類された。上野は母親が行方不明だった親友とともに、毎日すべての遺体安置所を見て回った。ふたりともそれぞれの親を見つけようと、上野は男性の、友人は女性の遺体を探し歩いた。くる日もくる日も、ほかの何百もの人々と同じように、遺体袋を開けては閉め、死者を確認して、一縷《いちる》の望みを抱きながらも、区切りをつけようと探し続けた。

津波から1か月後、上野の父親がようやく見つかって遺体安置所に運び込まれた。上野が身元を確認した。遺体は車のなかで発見されていた。おそらく避難しようとしたのか、妻を探しに病院へ向かっていたのだろう。ひと月ものあいだ津波によるがれきの山に埋もれていたため、父親だと確認できるものは一目でそれとわかる腕時計しかなかった。大槌町の死者のうちおよそ400人は行方がわからないままだった。

東北地方沿岸部ではいくつもの町で同じような悲劇が繰り返された。宮城県南三陸町では、若い女性が防災庁舎の2階にあった持ち場に残り、津波から避難するよう防災無線で呼びかけていた。津波は建物を引き裂き、女性をこの世から連れ去った。宮城県石巻市の小学校では、津波警報時の対応を訓練されていなかった教員が児童を校庭に集めた。海から4キロ以上離れていたため、安全だと思われたのだ。それだけ離れていたにもかかわらず、津波は小学校を襲い、児童108人のうち74人が死亡した。

最終的に、マグニチュード9の地震が原因となった死者はおよそ150人、津波による死者は1万8000人を超えた。ひとつひとつの死が悲劇であり、被害の範囲がこれだけでも、おそろしい大災害である。それでも、この前例を見ない規模の地震と津波に襲われてさえ、大半の国なら悪くないと考えられる程度の被害しか出なかった日本はうまく切り抜けたと言えた。地震で倒壊した建物はほとんどなく、列車も脱線しなかった。予想をはるかに超えた津波は多数の死者を出したが、実際の被害は1億人を超える日本の人口の比較的小さな割合にとどまり、1923年の関東大震災の死者10万5000人よりはるかに少ない。この事象を国家的大惨事に変えたのは地震そのものではなく、また地震と津波の組み合わせでさえなく、そのふたつの自然現象とさらにもうひとつの重大な人為的要素が結合したためだった。それらが重なったことで、日本は第二次世界大戦以来遭遇したことのない規模の危機に見舞われたのである。

＊

原子力発電所は、ウランのような大きな原子の核が分裂して作り出す大量の熱を利用している。熱が蒸気を発生させ、それが発電用のタービンを動かして、日常生活で消費されるエネルギーを作っている。けれども、核反応で作られる熱は、核燃料に近づかないよう適切に管理する必要がある。さもないと、核燃料が溶けて燃料の容器が爆発してしまうからだ。そこで、熱を逃がすために、核燃料は循環している水のなかに保管されている。つまり、原子力発電所は必ず冷却を助ける主要な水源の近くにある。たいていの場合、それは海だ。さらに、熱管理システムが絶対に止まらないよう予備の非常用電源が備えられている。

つねに地震と津波のリスクを背負っている日本では、海辺に原発を作るさいに、起こりうる最大の津波が考慮される。1960年代に福島第一原子力発電所が建設された当時、その「想定津波高」、すなわち予想される津波の最大の高さは3メートルほどだった。発電所は、十分余裕が見込まれる、海面から10メートルのところに建てられた。[2] また、核燃料を冷却する水を汲み上げる海水ポンプの発動機は、海抜4メートルの場所に設置された。2002年、詳しい過去の津波調査に基づいて想定津波高が6メートルに見直されると、それに応じて、浸水を防ぐために海水ポンプが密閉された。その後何年かかけて古い記録が調査され、西暦869年の地震でそれより大きな津波が発生した可能性が明らかになった。2011年はそのリスクがまだ議論されている最中で、適切な対応策は決定していなかった。地震調査委員会は4月に報告書を出す予定だった。

福島第一原発は揺れに耐え、地震そのものによる大きな被害はなかった。原子炉は設定どおり自動的に運転を停止した。けれども、たとえ核反応が止まっても残りの過程で熱が発生することから、冷却は必須である。地震で停電して冷却ポンプを動かす電力が途絶えたため、非常用電源が作動した。すべてが計画どおりに働いているように思われた。

津波の第1波が福島を襲ったのは、地震からおよそ45分後の午後3時27分だった。その8分後、さらに大きな第2波が到達した。10年前に発動機が密閉された海水ポンプは、それほど大きな波に襲われても持ちこたえた。だが弱点は非常用電源にあった。設置された場所が低すぎ、13メートルを超える波で完全に水に浸かってしまったのである。その結果、発電所にある6基の原子炉のうちの3基で冷却システムが働かなくなった。冷却されなければ原子炉は過熱する。圧力が高くなり、核燃料が溶けた。原子炉の爆発はもう時間の問題だった。

地震とその結果として生じた津波は金曜日の午後に発生した。その晩、日本政府は緊急事態を宣言し、原子力発電所から2キロ圏内の居住者を避難させた。土曜日、避難範囲が10キロに拡大された。その後、1号機で溶けた燃料が爆発を引き起こし、[3] 原子炉建屋の屋根が吹き飛んでより多くの放射線が放出されたため、避難区域が20キロに広げられた。日曜日、別の原子炉で注水システムが止まり、水位が急速に下がり始めた。当時はよくわかっていなかったが、その朝から炉心の損傷が始まっており、少なくともひとつの原子炉で、すべてとは言わないまでもほとんどの燃料が溶けてしまっていた。火曜日、再び爆発が起き、避難区域は30キロになった。

原発はその大部分が地震に耐え、津波にさえ持ちこたえたが、非常用電源がアキレス腱だった。不十分な冷却は、続く4日のあいだに核のメルトダウン、水素爆発、そして3基の原子炉からの放射性物質の放出を招いた。それらの事故が原因で、大気と周辺の海に放射性物質が流れ出た。こうした化学物質は「電離放射線」——接触した原子を変化させてしまうほどのエネルギーを持つ放射線——を出す。そのような放射線が人にあたれば細胞が変化して先天性異常やガンを引き起こし、大量に浴びた場合には急性放射線症を発して死にいたる。

*

福島市にある佐原真紀の家は福島第一原発から50キロより少し離れた場所にあった。佐原とおよそ30万人の市民の多くは、津波から4日経つまで原子力発電所の危機について何も知らなかった。停電中はテレビも見られず、彼女も近隣の人々もまだ地震とその余震の対応で手一杯だったのだ。娘の卒園式は停電が解消されるまで延期された。住民は地震で散らかったものを片づけていた。棚から落ちた食料品、割れた食器、ガラス製品や小物など、みな処分しなければならなかった。佐原と家族がこれはただの大きな地震ではないと気づいたのは、火曜日になって、沿岸部からの避難者が福島市にやってきたときだった。強制的に家を追われ、着替えしか持たずに逃げてきた人々が、放射線被ばく量を測っていた。なかには大量に被ばくして、持ってきた着替えまで没収された人もいた。

政府は当初、原発事故の深刻度を0～7の国際基準のうちの4と説明した。参考までに、1979年のアメリカ、スリーマイル島の事故は5、1986年のソ連のチェルノブイリはそれまでで唯一の7だった。日本政府は、ほかの原子炉も爆発する可能性があると警告する一方で、[4]環境に放出された放射線は現時点では人体に悪影響をおよぼさない、と述べた。「現時点では」という言葉に、この先はどうなるのだろうと佐原は思った。

それからひと月のあいだに核の危機が次々と明らかになるにつれて、福島の住民にとっては特に、当初言われていたよりも状況が深刻であることがわかってきた。原子炉と使用済み燃料は過熱し続け、未処理の海水に浸さなければならなくなった。海水には腐食作用があるため、漏れが生じた。火災が発生してさらに多くの放射線が環境に広がった。嵐と風の流れに乗って放射線は北西、つまり福島市の方向へ運ばれた。周辺の放射線量が増大した。2週間後には、300キロほど南にある東京の水道水でさえ[5]、放射線量が乳幼児に対して安全なレベルの2倍を示した。3月末までに、原発周辺の海水の放射線量は安全と考えられる量の4385倍になった。こうした絶対的な証拠を突きつけられてようやく、事故からまるまる1か月後、日本政府は事故の深刻度をチェルノブイリと同等の7に引き上げた。

危険が広がるにつれて、原発周辺の小さな町の住人の多くが福島市の避難所に移ってきた。市そのものもホットスポットで、避難区域に指定された地域以外では放射線量がもっとも高かった。けれども30万人の住民にくわえて相次ぐ避難者を抱えた福島市からの集団避難はほとんど困難である。住民は残っていても安全だと告げられた。小学生は外遊びを禁じられたが、市の区分分けが見直されるなかで、中学と高校では野外活動が続けられた。

けれども、放射性物質は放出され続け、環境にまき散らされた。放射線の大部分を占めるセシウムやヨウ素などの重い粒子が草に覆われた地面や砂場に積もった。夏の終わりまでには福島市の放射線量があまりにも高くなり、政府は市内全域の表土を取り除く除染作業の実施を決めた。校庭、公園、家の庭のすべてで表面から数センチの土がすくい取られ、大きなプラスチック製の袋に密閉されて積み上げられた。除染が終わるまでに5年かかった。

政府が当初は大丈夫だと言っていたにもかかわらず、その後のできごとによってそれが誤りだったことが次々に明らかになると、市民のあいだに不信感が生まれた。情報が伝わってこないことに憤った佐原真紀は、東京に出向いて抗議活動に参加した。原子力への依存が続いていることと、また福島の状況が伝わってこないことに抗議するために、津波の発生から最初の数か月で最大20万人の人々が東京の街へ繰り出していた。[6] 原爆で都市を失った唯一の国として、日本には反核運動の長い歴史がある。福島第一原発事故はその運動の新たな焦点となり、反核活動家たちが復興を支援しようと福島に集まった。住民に放射能に関する知識を学んでもらおうと「ふくしま30年プロジェクト」が設立された。プロジェクトへの寄付金で、食品の安全を確かめるスキャナーと内部被ばくを測る全身スキャナーが購入された。住民みずからが自分と家族を守れるよう講習や訓練が行われた。プロジェクトはまた、公園に公共の放射線監視装置を設置するよう政府に働きかけ、最終的に地震から2年後、それを実現させてもいる。

佐原はボランティアとして手伝った。まずは受付係として、住民が必要な支援を受けられるよう手助けをした。経験はなかったけれども変化を起こしたかった。スキャンのスケジュールを立て、人々を講習に参加させた。スキャンで放射線量が高ければ、被ばくを最小限に抑える方法について助言を受けられるよう手配した。プロジェクトの講習にはたとえば、子どもたちを草の上や砂のなかではなくコンクリートの上で遊ばせるよう親に指示する講習もあった。時が経つにつれて佐原の役割はどんどん大きくなった。東京からきた活動家よりも自分の子どもを守ろうとする地元の母親のほうが、変化を促す声としてははるかに影響力がある。佐原はまた自分の地域社会と人々が必要としているものをよく知っていた。たとえば、佐原がいたからこそ、携帯型の放射線測定器を手に入れて子どもたちに放射線の測り方を教える講習を開き、安全に遊べる場所かどうかを子どもたち自身に確認させることができた。彼女は自分だけでなく子どもたちにも放射能を理解させ、それに対処する力を与えたのである。佐原は人生の目標を見つけた。

*

上野拓也は、大槌町のほとんどの人と同じように、それまでの人生のほぼすべてを失った。何世代にもわたって家族が住み続けてきた彼の生家は、海に近い場所から流されて跡形もなく消えた。土地は将来の津波リスクが高いためその場所での再建が禁じられた。工場が壊れて仕事がなくなった。父もいなくなり、母は悲しみに打ちひしがれていた。

国は支援を送ってきたが、それに応じる町の職員が不足していた。町が体制を整えて、津波で死亡した人の代わりに新しい町長と町議会を選出できるようになったのは8月になってからだった。何も残っていないのにどうやって再出発すればよいのだろう? 上野は復興を支援したいと考える人々と交流を始めた。彼らは知恵を出し合って仕事の機会を作った。

外部からも救援隊が支援に訪れた。そのなかに国際看護師の神谷未生がいた。彼女は、2008年にハリケーン・アイクによってテキサス州ガルヴェストンの大部分が洪水に見舞われたときに、現地の病院で支援活動を行った経験を持っていた。そのとき彼女は避難できない重病の患者の世話をした。大槌町を訪れたのは精神的なケアを与えるためだったが、神谷は地域の復興を助けようとそのままとどまった。拓也と未生は恋に落ち、結婚して、町の唯一の住処である仮設住宅で暮らした。

大槌町が直面していたもっとも困難な課題のひとつは、災害の心理的な影響への取り組みだった。死者のうち400人は遺体さえ発見されず、行方がわからないままだった。震災のトラウマと圧倒的な死者数とが重なって、悲しみを乗り越えることがとりわけ難しくなっていた。だれもが心的外傷後ストレス障害を患っているというのに、だれが支援の手を差し伸べればよいのだろう？　津波から数年後、町は霊場として知られる恐山への参拝を企画した。硫黄が染みつき、岩だらけで荒廃した火山の風景を持つ恐山は、1000年以上ものあいだ、仏教における死後の世界への入り口として尊ばれてきた。夫や妻、子ども、親などを失った多くの家族が、死者のために祈りを捧げて区切りをつけようと、その旅に参加した。上野の母ヒロも、夫のために祈り、悲しみを解き放つために同行した。

前へ進む道を模索する大槌町の住民が集まって始めた取り組みは、やがて「おらが大槌夢広場」という正式な非営利組織の創設につながった。組織の目標は、低下あるいは喪失した行政機能を補う支援を行ったり、地元の産業や観光を活性化したりして、復興を促すことである。彼らはまた、苦労して達成した自分たちの例を用いながら、破滅の瀬戸際に追い込まれた地域社会を組織が力を合わせて復活させる方法について、ほかの地域で研修会を実施してもいる。拓也と未生は、かくもおそろしいできごとが自分たちの縁を結び、新しい人生を歩ませたことに今でも思いをめぐらせる。

未生はまた、震災から新しい視点を得た。震災直後をその目で見た自分が他者に伝えたいメッセージは何かと問われて彼女はこう答えた。「愛する、感謝する、そして毎日の生活のなかで家族を大事にすること。（中略）それはありふれたことのようだけれども、たくさんの人がもうできなくなって、またできなくなったことを寂しく感じています。（中略）この町やほかの被災地は防災や災害への備え、また復興といった枠組みで語られることがとにかく多い。でも、わたしたちこそ『愛』について語れるのではないかと思います。この町の多くの人が自分なりの愛の形を見つけたのですから」

彼女はさらに、２０１１年に多くの日本人が政府や行政機関——国民の安全を守ることに失敗した集団——に頼りきりになっていたことに触れて、「自分には力がある、自分で判断できると信じてほしい」と励ます。「自分の人生を決めるのは自分であって警報システムではないと理解することがとても大事だと思います」

＊

東京の石本めぐみは間接的にメルトダウンの影響を受けた。すべての原子力発電所が停止し、国全体が電力不足に陥ったのである。何日ものあいだ、彼女は停電で明かりも暖房もないなかを仕事に通った。自分よりも苦しんでいる人がいる、人の役に立ちたい、と彼女は思った。しかし当時はまだ組織立ったボランティアの取り組みはほとんど存在しなかった。彼女は友人とともに、津波被害を受けた石巻市でがれきの片づけを手伝った。

石本にとってはそれが転機になった。東京に戻った彼女は仕事を辞め、災害前から志していた人道的な仕事の機会を探し始めた。5月上旬、石本は東北の海辺の町、宮城県南三陸町へ赴いた。石本と同じように日本全国から数万人がボランティア活動のために東北へ行こうとしており、国、県、市町村と調整を図るボランティアセンターがいくつも作られていた。ほとんどの人は地元の人々と直接触れ合えるような、がれきを片づける肉体労働を望んだ。

南三陸町のボランティアセンターに着いた石本は、必要なことなら何でもやると申し出た。役員秘書という経歴から、彼女はチームの組織やボランティア支援の管理といった、あまり目立たない事務作業を任された。当初は1週間滞在する予定だったが、もう少し長くいてほしいと頼まれ、1か月から3か月ということで同意した。町がボランティアに避難所の女性を支援するグループを作るよう依頼していたため、滞在予定期間の長い石本にそれを取りまとめる仕事が課された。

町の職員と地元女性とともに、彼女は避難所を訪問した。当初、仕事の大部分はそこにいる女性が必要としているものをたんに聞き取ればよいはずだった。しかし、石本が話しかけた女性のほとんどは、自分より家族を優先し、自分のことは黙っているよう育てられた人々だった。不便な避難所で、家を失ったショックが日増しに大きくなるような状況に置かれてもなお、女性たちがみずから抗議の声を上げげられるような文化の土台がなかった。そこで、石本の最初の仕事は、そうした古風な女性たちが自由に話せる場を設けることだった。彼女は編みものクラブを作り、女性たちが集まる口実を差し出した。最初の数回はほとんど会話がなかった。それでも時間が経つと、女性たちが口を開き始めた。生活空間があまりに狭くてたいへんであること、幼い子どもがうるさいと高齢の男性に怒られることなどの話が出た。女性たちは、避難所では支給品の担当が男性で、生理ナプキンが一度にひとつずつしか支給されず、日に何度も見知らぬ男性とそのような個人的な話をするのは恥ずかしいとも訴えた。さらに数人がためらいがちに、避難所の性暴力について語り始めた。

こうした会話を通して、災害の最大の弱者である幼い子どもと高齢者を助けたいのであれば、その世話をする女性たちに寄り添う必要があると石本は気づいた。また、家族が避難所から仮設住宅へ移っていくにつれて、避難所単位で支援する町の取り組みがなおも支援を必要とする人々に届かなくなっていることもわかった。

そのギャップを把握した石本は、町の支援策とは別に、もっと広い範囲を網羅する女性のための情報センターを作ろうと決めた。資本がない状態からのスタートだったが、何とか複数の財団から資金を確保することができ、次第に政府からも調達できるようになった。取り組みはまず、役所主義に悩む女性たちの相談を受けて手を差し伸べるといった、仮設住宅などの津波被災女性を支援する場所から始まった。そして5年のあいだに、石本の組織は、家庭や地域社会の復興を図る東北地方の女性支援に特化した非営利団体「ウィメンズアイ」へと進化した。

メンバーは東北地方を活性化しようと事業や非営利団体を創設していた女性起業家たちである。佐原真紀と神谷未生はいずれもその一員で、それ以外にも、近代的な助産院チェーンを始めた助産師、写真家、海藻加工工場の所有者などが参加している。ウィメンズアイは参加者同士をつないで、自分はひとりではないと実感させる役割を果たし、事業やリーダーシップの研修も実施している。

同組織はそれより規模の大きい国全体の活動「男女共同参画と災害・復興ネットワーク」ともつながった。初の女性千葉県知事だった堂本暁子は、同ネットワークの代表として、女性に影響する災害対策の実際の問題だけでなく、災害によって明るみに出た根本的な男女不平等の問題にも取り組んでいる。

生後6か月の赤ん坊を抱えて仙台にいたカナダ人研究者のジャッキー・スティールにとって、地震は家を離れることを意味した。暖房も水もないなかで、どうやってわが子を守ればよいのだろう。佐原とは異なり、次々と明らかになる原発の問題は彼女の耳に届いていた。そして、自分の家が発電所の風下にあることも、乳児はもっとも危険であることも知っていた。両親や知人はカナダに戻ってくるよう懇願したが、そうすると自分が属する仙台のコミュニティを見捨てるように感じられ、修了間近だった2年にわたる政治学の博士研究を投げ出すことにもなる。それでもやはり、ふた晩の寒い夜を過ごすと、どこかへ行くしかないように思われた。幸運なことにガソリンが半分残っていたので、車で脱出することができた。彼女は危険から離れて、長野県にいた友人のもとに滞在した。

ジャッキーは最終的に仙台をあとにしたが、日本には残った。3月11日より前、ジャッキーの研究テーマは多様性と女性の政治的市民権だった。実際に地震を体験してその対応と復興を目撃したことで、彼女は自然災害時のガバナンス、すなわち緊急事態時の政府の機能に興味を抱いた。とりわけ、その過程における女性の扱いに関心があったことから、堂本知事の組織と結びつき、石本とウィメンズアイにつながった。

現在東京大学の政治学准教授を務めるジャッキーは、東北地方を再訪して、住民が日本に新風を吹き込むようすを調査している。住民は女性たちが家族の面倒を見るだけの「ただの」母親ではないと学びつつある。彼女たちは地域社会を活性化させ、女性が参加しやすい新しい未来を作る、地域社会に欠かせない存在である。

*

２０１７年の春、わたしは佐原真紀とともに1日を過ごして、放射線データ、理解、訓練を福島にもたらした彼女の取り組みについて学んだ。彼女はそのときまでにふくしま30年プロジェクトの運営を引き継いでいた。それは6年前の主婦としての生活から遠く長い道のりだった。注目を維持するためにはプロジェクトを継続していかなければならないと、彼女は決意していた。復興の最大の難点のひとつは人間の注意力が長続きしないことだと知っていたからだ。世界はどうしても次の災害、次の危機、次のニーズへと移っていってしまう。けれども東北地方の人々にとって復興は進行形だ。数年が経過しても、多くはまだ仮設住宅で暮らしていた。福島第一原発にもっとも近い周辺地域はなおも帰宅困難区域である。大槌町は依然として、被災した役場庁舎を記憶にとどめるために保存するか、地域社会が未来に向かって進めるように解体するかを決めようとしていた。復興は苦しいほど長いプロセスになりうる。

ともに過ごした1日の終わりに、もしひとつだけ世界に伝えるとしたら、それは何かとわたしは尋ねた。佐原は言った。20年経って振り返ってみて、自分と組織の仲間は子どもたちの安全を守るために求められる以上のことをやったと安堵したい。振り返ったときに不十分だったと思い知らされるのは考えるだけでもこわすぎるから。

第12章

# 計画的な防災・減災

## アメリカ、カリフォルニア州、ロサンゼルス、未来

年を追うごとに、人がうらやむようなアメリカの物理、経済、社会的環境は、自然とテクノロジーの脅威に対してますます脆弱になりつつある。(中略)「アメリカは」これまでも、そして現在も、一段と大きな惨事を引き起こすような未来の脅威をみずから作り出している。

——デニス・ミレティ、『計画的な災害［*Disasters by Design*］』

ロサンゼルスがあるのは地震のおかげだ。不毛な南西部にあるその場所は、活断層によって押し上げられた周囲を取り巻く山々が、海から上がってくる雲の水分を逃さない働きをしていなければ、人が住めない砂漠のままだったかもしれない。その同じ断層は地下水をせき止め、最初の開拓者が作物の灌漑に利用した泉を作った。近代的な都市が栄え始めたのは石油が発見された20世紀の初めごろだが、その石油もまた断層によって集められたもので、最大の石油鉱床はロング

ビーチからロサンゼルスのウェストサイドまで走っているニューポート・イングルウッド断層の近くにある。

ロサンゼルスを存続可能な都市にしたのは断層であるとはいえ、それらは危険な宝であり、地震のリスクとはいつも隣り合わせだ。ニューポート・イングルウッド断層は1933年にマグニチュード6・3の地震を引き起こし、700校を超える学校を破壊して、アメリカ初の地震安全対策法を生んだ。そのフィールド法は公立学校の建築に以前より高い基準を設けるもので、最初の耐震建築基準法だった。1971年のサンフェルナンド地震では、築数十年の建造物だけでなく近代的な工学に基づく建物――なかでも特にオリーヴ・ヴュー病院の新しい精神科病棟――が倒壊したため、建築基準法が大きく見直された。1994年のノースリッジ地震で高速道路橋が2か所も崩壊したときには高速道路の建築基準が信用できないとわかり、カリフォルニア州運輸局がその改良に100億ドルを拠出した。

1933年、1971年、1994年に起きたこの3つの地震は、人々に矛盾する考えをもたらした。たしかに、地震は備えを促した。地震に耐え、対策を取れるようそれなりの準備が整えられた。けれどもそれと同じくらい重要なことに、その3つの地震にだまされて、わたしたちは地震にうまく対処できると考えるようになってしまったのである。なにしろ、市は毎回対策を立て直し、乗り越えてきた。1933年には700校の学校が崩壊して、生徒は2年ものあいだテントで学校生活を送ったが、やがてすべての学校が強度の高い新たな方法で建て直された。

１９７１年には１１０件の火災が発生したがうまく消し止められた。ダムが崩壊寸前で[1]８万人の住民が水にのまれそうになっても、全員が避難でき、ぎりぎりで水位が下がって洪水を免れた。１９９４年には市内全域が停電したが24時間以内に復旧した。それぞれの事象がさらなる安全対策につながり、学校、病院、高速道路の建築基準はかつてないほど厳しくなった。わたしたちは毎回、地震は何とかできる、ロサンゼルスのリスクはそれほど高くないと思い込んだ。

しかしながら、この思考傾向には危険な弱点がふたつある。まず、結果として生まれる対策は必ず一般市民の憤りを鎮めるためのもので、そこには市の金を使いすぎないようにしたいという思惑がある。施行された法律ひとつに対して、ほかにも数え切れないほどたくさんの案が出され、それらも同じくらい価値があったにもかかわらず、値段で折り合いがつかなかったために支持を集められなかったのだ。もっとも容易に始められる取り組みは、防災ではなく災害対応支援である。一般市民は消防署の設備を十分に整える計画なら喜んで受け入れるだろう。けれども、建物の所有者に損壊の危険がある建物を修繕するよう求めるのは難しい提案だ。そもそも、自分の決断の責任を負うのは所有者である。それがどれほど無謀であっても、自分で決める権利があるのではないか？

そこから、この安全に対する思考に潜むふたつ目の大きな弱点が見えてくる。つまり、言うまでもなく、これらの地震（１９３３年、１９７１年、１９９４年）はそれほど大きくなかったということである。たしかに経済的損失（５０００万ドル、５億ドル、４００億ドル）と死者数（115人、64人、57人）を考えれば大きく見える。しかし、マグニチュード（6・3、6・6、6・7）は、それぞれ長さがせいぜい十数キロまでの比較的短い断層が壊れたことを示している。わたしたち研究者がモデルを作ったサンアンドレアス地震にはとてもおよばない。つまり巨大地震ではなかったのである。

巨大災害に襲われれば、個人の選択はそれぞれが切り離された存在ではなくなる。東京を炎の海にした火災は、最初に火が出た住宅だけにとどまらなかった。堤防の割れ目から流れ出す水に郡の境界など関係ない。巨大災害は地域社会に影響をおよぼすだけでなく、まったく異なる姿に変えてしまう。1860年代のカリフォルニアの洪水のように産業を滅ぼす可能性がある。ラキ山噴火後のアイスランドのように避難民の国と化してしまうかもしれない。18世紀のポルトガルのように何十年も、いやもっと長いあいだ、経済を減速させるおそれがある。政治運を上げも下げもするだろう。巨大災害への備えは、そこそこ大きい災害への備えとはまったく異なるのだ。

*

2013年からロサンゼルス市長を務めるエリック・ガーセッティは生粋のロスっ子である。この移民の街で、彼自身もまた人種のるつぼだ。彼のイタリア人の先祖はメキシコに入植した。父方の祖父はメキシコ革命で父親を殺害され、幼いころカリフォルニアに連れてこられた。エリックの母親はロシア系移民で、彼はユダヤ系としては初めて、ラテン系としてはふたりめのロサンゼルス市長となった。自分は1971年のサンフェルナンド地震を起こした断層に近いサンフェルナンド・ヴァレーで、地震発生のわずか5日前に生まれたと、彼はよく引き合いに出す。ひょっとすると、地震対策に関わるよう運命づけられているのかもしれないというわけだ。

ガーセッティを知る友人や同僚の勧めで、市長就任から数か月後、わたしは彼に会った。正直に言うと、そのときは会う価値があるかどうか半信半疑だった。その6年前に「シェイクアウト」のシナリオ作成を率いたわたしは、科学的な理解を具体的な言葉に置き換えれば、人々が自分でも何とかできると気づいて行動を起こそうと考えるのではないかと思っていた。シナリオは評判がよく、広く読まれ、また多くの機関で大地震への対応策を計画するために活用されていた。けれども、わたしが期待した防災のためには用いられていなかった。人々は発生しうる損害は理解できても、自分の行動次第で実際に防ぐことが可能だと信じるところまで飛躍できていないように見えた。

それでも一縷の望みはあった。じつはサンフランシスコでひとつの計画がゆっくりと進行していたのである。地域のエンジニアや科学者が10年かけて訴え続け、ついに「耐震安全性のための地域活動計画」、つまり、地震発生時のリスクを軽減するために市が実施する対策の青写真作成にこぎつけたのだ。そこで、その新計画を念頭に、わたしはガーセッティ市長に面会を申し込んだ。サンフランシスコの取り組みを教えれば、少しばかり都市間の競争心をあおれるかもしれないと思ったのである。

市長はのちに、わたしの訪問は楽しかったと同時におそろしくもあったと語った。彼は当時まだ新米の市長だった。彼が言うには、市議会議長を6年間務めたあとで市長になるのはトヨタのカローラからカムリに乗り換えるようなもので、同じような仕事をよりよい道具で行うのだろうと想像していた。ところが現実はカローラからセミトレーラートラックに乗り換えたかのごとくだったらしい。そうして自分の責務全体を把握しようとしていた矢先に、わたしが現れて、未来のいつとは言わないまでも、待ち受けるできごとを正確かつ明確に伝えようとした。たしかに受け止めるのはたいへんだっただろう。それはまるで、わたしが彼をトラックから引きずり出して、飛行機の操縦桿の前にどさっと降ろしたかのようだったにちがいない。政府のもっとも基本的な機能は市民の安全を守ることだ。ところが、話し合いのなかでわたしは市長に、このままでは市民の安全を保障することは不可能かもしれないと告げたのである。

けれども市長は話し合いを中止しなかった。わたしたちは会話を続けた。ガーセッティ市長は公選された役職者だが、わたしが思っていたよりも科学者に近い考え方を持った人物だった。データを重視して、行われているものごとを数量的に評価した。彼が市長として行った大きな取り組みのひとつは、データの共有こそが唯一信頼できる改善への道筋だとして、市のデータを提供したことである。「必要なら、恥をさらしてでも」と彼はつけくわえた。

市長とはたがいに理解し合えるとわかった。生まれも育ちもロサンゼルスのふたりが望むことは同じ――自分の街が持ちこたえることである。そこで、わたしたちは先例のないことがらに挑戦することにした。市のもっとも差し迫った地震問題の解決策を考案するにあたって、わたしが1年間市庁舎に出向して市の職員と協力できるよう、わたしが所属していた連邦機関の地質調査所とロサンゼルス市の両方と交渉して合意を取りつけたのである。わたしたちは、自分たちだけでは達成できない解決策を見つけるために手を取り合うと大々的に声明を発表した。

こうして、境界が取り払われた。わたしにとってそれは、巨大災害発生時に市にとって最重要なデータは何かということだけでなく、市民の行動を促すためにはどのような情報を伝えればよいのかを理解する1年間の実地体験だった。政策立案者にとっては、技術的な世界に飛び込む実験だった。工学者が市庁舎にやってきた。市が水道事業者を訪問した。

わたしは早くから防災に対する政治の現実を思い知らされることになった。実際、そのときはまだ取り組みを始めてさえいなかった。わたしの出向を可能にする地質調査所と市の合意には、その後1年で解決をめざす問題の概要が必要だった。わたしが思い描いていたような包括的な地震安全性の計画は望まれず、代わりに3つの特定の問題に的が絞られた。それは、危険だとわかっている古い建物の補強、市内の水道システムの保護、そして電気通信システムの強化である。これらは疑問の余地なく、率先して取り組むべき重大な問題だ。けれどもそれだけがすべてではまったくない。そのときわたしは、ただ目標へ向かって広く推し進めるだけでなく、具体的で計測可能な達成度を示しながら実施することがいかに重要かに気づいた。成功していることが目に見えなければ、取り組みを最後までやり遂げるにあたって必要な政治家の支持が得られない。

また、伝えようとするメッセージは適度に感情に訴えるものでなければならない。「シェイクアウト」は数十年におよぶ研究の総仕上げだが、行動を促すためには物語、すなわちサンアンドレアス地震の科学を現実に置き換える何かが必要だった。2008年に研究結果が発表されたとき、要約のような短い動画と[2]、文章による物語が作成された（一般の人々にとっては科学論文よりも手に取りやすいことを願って）。創作された物語は[3]地震の10分前から始まり、地震の半年後で終わる。市長の目標を達成するにあたって、わたしはその両方のバージョンに大きく頼った。

わたしたちは、知らずして物語の主人公となった、失うものが大きい人々に直接手を伸ばすことにした。わたしは10か月で130回の会合を開き、議長を務めた。建築課の職員と建物の所有者、構造設計者と土木技術者、賃貸物件所有者と入居者、都市計画者と都市開発者などと会合が開かれた。そこでは、「シェイクアウト」でまとめ上げられた地震の物語を伝えることにくわえて、彼らの反応、アイデア、解決策にも耳を傾けた。最終案の詳細の多くは、こうした会合に参加し、実際に計画の影響を受ける市民から出されたものである。貴重なアイデアで貢献するだけでなく、彼らは計画が成功するかどうかに直接関わることにもなったのだ。

わたしはまた、確率の話にはいっさい触れてはいけないことも学んだ。いつ地震がくるのかという質問はおそらく避けて通れないだろうが、それは不安を生み、人々が問題から逃げてしまう。いつくるのかは確率的に不確実である。科学者のわたしはその不確実性が重要だと知っている。同僚に結果を納得させるためには、その不確実性を分析し、それらを考慮に入れたことを示さなければならないからだ。しかし、政策立案者はいつ地震がくるかではなく何ができるのかに焦点を合わせなければならない。政策は災害が発生する時期に影響をおよぼすことはできないが、その影響の大きさを変えることはまちがいなくできる。わたしは、巨大地震は十分に起こりうる、近いうちに起こる可能性は十分に高い、それに備える価値はあると強調した。

また、あえて命の危険ではなく、経済的な結果を前面に押し出すことにした。ここでも人々を不安から遠ざけて、地震の前でもあとでも必ず地震に関連する出費が発生するのだから先に投資してダメージを回避してはどうだろうと提案した。さらに、弱点は自分だけの問題ではない、つまりだれかが備えを怠ると周辺のほかの人々が被災する確率が上がる点にも焦点をあてた。

メッセージは届いた。市長は2014年末に「計画的な防災・減災」と銘打ったわたしたちの計画を発表した。市役所に出向した1年の集大成であるそれには、市長のスタッフ20人が書き上げ、3つの優先的な問題に対処するため提案された18の推奨事項が含まれていた。すべてが解決されたわけではないが、地震安全性に向けてカリフォルニア州が踏み出したそれまでで最大の一歩であることは明らかだった。

それは市長の計画である。そこに含まれているものの最終的な裁決者は市長だからだ。そして、どれだけ緊密に連携して取り組むのであっても、科学が政治と一線を画すことが重要だとわたしは悟った。もし科学者が政策の決定に手を出すなら、科学に手を出してくれるよう政治家を招き入れなければならない。そうではなく、知識を得たうえで決定を行えるよう政治家に情報を提供し、彼らの手に預ければ、連携の結果に対してより大きな支持を得ることができる。

計画のいくつかの要素を実行するかどうかは市長の判断に完全に委ねられた。市は市営水道システムを守るためにさまざまな方法を取り入れた。新しい事業では必ず耐震が検査されることになった。市内の水は1908年に建設された古い木造のトンネルを通って、サンアンドレアス断層を横切り、シエラネヴァダ山脈から運ばれている。その水路を保護するために、土木工学に基づく計画が立てられた。市は居住地や産業への配水に耐震パイプを用いることを約束し、現在は試験的な5つのプロジェクトが稼働している。水道局は消防局と協力して、緊急時の消火に利用可能な災害に強い予備水源を作ろうとしている。携帯電話基地局で4時間の非常用電源が切れた場合の代用として、市全域を網羅する太陽電池式の無線LAN計画が進められている。

提案の多くには市議会の議決が必要だ。地震に弱い2タイプの建物を補強するため、耐震補強用の貸付計画を作成するため、そして今後の携帯基地局をより災害に強い基準で建てるよう要請するために、いくつもの法令案が出された。話し合いはほぼ1年続いたが、2015年10月、法令は市議会の全員一致で可決された。建物所有者を代表する組織の多くが大きく反対するかと思われたが、実際には彼らも計画作成の一端を担い、市長が結果を発表するときにも彼を支持した。建物所有者が費用の全額を負担しなければならないにもかかわらず、補強しないほうが失うものが大きいと納得してもらえたのだ。もしかすると、近隣の人が補強しない場合にどれだけ多くの被害を受けることになるのかを理解したことに、意義があったのかもしれない。だれもが自分の役割を果たさなければならない、また市が水道システムの改善と市が所有する建物の補強に支出すると決まったことで、負担が分担された。ほぼ2万棟の建物がその後7年から25年かけて補強される。

巨大災害が発生したときには、全員が力を合わせて成し遂げた対策によって命が救われる。わたしはその事実に驚嘆せずにはいられない。科学の研究者が自分の仕事の具体的な成果を目にすることはめったにない。驚いたことに、市長も同じ考えだった。「これは、これまでの政策立案者としての人生で最高の体験だ」と彼は言った。「信じられないほど複雑で、財政的に容易ではないものごとが、最終的には事実上何の反対もなく、政治的に言えばきわめて迅速に行われた」

週刊地方紙のロサンゼルス・ダウンタウン・ニュース紙が、今回のような計画の政治的課題について社説を掲載した。「巨大災害が数年以内に発生すれば、ガーセッティが望むような重要な変化のほとんどが間に合わず、効果を発揮しないだろう。もし彼が市長の座を降りてから巨大地震が起きれば、市には十分な備えがあっても、おそらく彼はもうそれを自分の手柄にする立場にはないだろう。つまり、ガーセッティは、市にとって正しい選択だというだけで地震安全性に目を向けているのかもしれない[4]」

あらゆる点で社説は正しい。けれども、政治とは不思議と予想できないもので、ガーセッティ市長は結局のところ地震安全性計画の恩恵をしっかりと受けている。報道機関は一同にその計画を賞賛した。そして、市長としての1期目に彼が着手した活動はもちろんこれだけではないけれども、彼は81パーセントの得票率で2期目も再選された。ほかの地方政府の長がそれに注目した。南カリフォルニア政府協会は、所属する191市のあいだでさらなる耐震計画を支援している。ロサンゼルスが補強を強制する法案を可決してから2年以内に、サンタモニカとウェストハリウッドの2市がそれにならって同様の法律を可決した。2017年にメキシコ中部のプエブラで発生した地震で、メキシコシティに建てられていた同じような建物の多くが倒壊したとき、ロサンゼルス・タイムズ紙はガーセッティ市長の勇気ある行動を取り上げて読者の記憶を呼び覚まし、ほかの多くの都市も追随するよう促した。現在、カリフォルニア州南部の30以上の都市でそれぞれの計画が進行中である。

*

こうしたカリフォルニア州南部の活動方針はみな、全米の多くの都市で活発になりつつある防災・減災の最高責任者を採用する動きや（多くはロックフェラー財団の「100のレジリエントシティ」計画が後援）、グローバル災害リスクを軽減するための国連の取り組みと並んで、災害の認識を広く高める方向へ進んでいる。この10年のあいだに、世界中でそうした動きが加速してきた。これは科学の理解——特に記憶よりも長い時間枠でものごとを理解できるという人間の能力

——によって、本能的な心の傾向を克服できるようになってきた証である。

歴史上のさまざまな文明において人類が遭遇してきた災害は当初、未知の、予想できない、おそれるべきものだった。人はそこにパターンを見出そうとした。神々の口論、天罰、保つべき天体の均衡など、事象に意味を持たせるべく、それぞれの文化に即した説明が作り上げられた。

哲学と倫理の学説が洗練されるにつれて、人はそうした考え方の論理的な矛盾と向き合うようになった。どうして慈愛に満ちた神がもっとも純真な者の命を奪うことなどできようか？　火山の噴火は妻を寝取られた神のかんしゃくの表れだと考えるだけではもはや不十分だった。人は、自然界を理解して事象を取り巻く全体像を把握するために、科学に目を向けた。現在わたしたちは、危険な現象は自然界がさまざまに変化する結果として生じるものだと知っている。

自然界の理解が進むと、自然と相互に作用し合う人間界をうまく設計すれば、自然災害の影響の多くは軽減あるいは排除できるとわかってきた。氾濫原の管理、強風や地震に耐えられる建造物、ハリケーンや津波の警報システムはみな、命を守り、地域社会が災害から立ち直る力を高めるために役立つ。しかし、対策の焦点はまだ、都市計画者や建築課の職員に耳を傾けるというより、消防士を支援するといった内容に流れがちだ。だが、それさえ変化し始めている。２００５年のハリケーン・カトリーナ被災直後の報道では、社会秩序の崩壊とおぼしき状況に重点が置かれていたが、２０１７年にヒューストンを襲ったハリケーン・ハーヴィーの報道では、ヒューストンに都市計画法がないため損害が大きくなった点に早くから注目が集まった。

とはいえ、近年起きた最大の変化は、近視眼的な世界観からの脱却である。初めて、地球の片側で起きた災害が反対側の人々の意欲を促すようになった。テレコミュニケーションの発達により、わたしたちは他者の苦痛を直接感じ、被災者に対する思いやりを深めることができるようになった。最後の課題は、被災者がどこにいても関係なく、それを自分のこととして考えることである。哲学者ピーター・シンガーは著書『広がる輪［*The Expanding Circle*］』のなかで、人間の倫理の進化とは「わたしたち」の定義に含まれる人の輪が広がることだと述べている。自分から家族、部族、国、そして最終的にはすべての人類へと、公平な扱いと思いやりに値する人の定義の幅は広がりつつある。

２０１７年の夏、ハーヴィー、イルマ、マリアの3つのハリケーンがアメリカを襲った。いずれも大きな影響をおよぼした極端な事象だったが、結果は同じではなかった。ハリケーン・ハーヴィーはおもに洪水を引き起こし、ひとつの嵐としてはアメリカ史上最多の雨を降らせた。テキサス州のネダーランドとグローヴズの2か所で１５００ミリを超える降水量が記録された。10万戸をゆうに超える家屋が一部損壊または全壊し、そのほとんどが水害の保険に入っていなかった。

2週間後、ハリケーン・イルマがフロリダ州に接近した。イルマは超大型で、フロリダ州全体が激しい雨とハリケーン級の強風に見舞われた。警報が出されたが、フロリダ州の全住民に暴風雨に備えるよう警告しなければならなかったため、ハリケーンの目の周辺の暴風がほかの場所よりどれほどひどくなるかがわかりにくくなった。実際、ハリケーンの目が通ったいくつかの場所はほかと比べてはるかに大きな被害を受けた。犠牲はけっして少なくなかったけれども、結果としてフロリダは幸運に恵まれた。ハリケーンの目が西側沿岸部をそれたため、最悪の風が人口密集地域からはずれたのである。フロリダ州民、とりわけ家を失った多くの人々は幸運とは感じなかったかもしれない。けれども、最終的なハリケーンの進路とフロリダ州の事前計画のおかげで、災害は大惨事にはいたらなかった。

その1週間後のプエルトリコはそうはいかなかった。わたしたちがそこに見たものは、まさに社会を変えてしまうほどの大惨事にいたった巨大災害だった。大きさと最大風速という点で、ハリケーン・マリアはイルマほど強烈ではなかったけれども、目の周辺部分が島を端から端まで横断し、プエルトリコが経験した風の強さはフロリダ州の大部分を襲った風を大きく上回った。低迷する経済と老朽化したインフラはもとより、その前の週のイルマによる被害と重なったために、プエルトリコは、多くの人がこの近代的な時代に起こりうると考える期間よりもずっと長く、現代社会に必要最低限な暮らしを失ったままだった。

２０１７年の異常なまでのハリケーンシーズンに対する人々の反応を見ると、まだ注意が必要とはいえ先行きは明るいように見える。カトリーナの第一報では被災者が非難されたが、ハーヴィーの報道では地域社会の団結と、舗装された道路や建物など不浸透面の野放図な拡大がいかに大災害を可能にしてしまったかに焦点があてられる傾向があった。ヒューストンはニューオーリンズと同じように多民族の街である。略奪も災害への対応を妨げていたにちがいない。けれども今回は、無法化の話は優位を占めなかった。わたしたちの共感の輪がさらに広がっていると、期待は膨らむ。

しかしながら、ここで注意しなければいけないのは、カトリーナの洪水が圧倒的に貧困地域に影響を与えたのに対し、ハーヴィーは貧しい地域も裕福な地域も分け隔てなく平等に襲ったことである。共感は犠牲者のなかに自分の姿を見ることができたほうが容易である。ハリケーン・マリアとプエルトリコの被災に対する当初の反応もまた、犠牲者が英語を話さないアメリカ人（プエルトリコはアメリカの自治連邦区）だと共感がゆっくりとしか起こらないことを示している。

共感は手始めとしては有意義だ。けれども、個人としての最大の課題は共感を超えて行動に移すこと、自然災害がもたらす無力感を克服することである。行動を起こす、支配権を握ることこそが不安に対するもっとも有効な解決策だ。ここまで読み進めたのであれば、あなたはもう、目の前の危険に対して自分の家や地域社会をより強くするために何ができるかを考えているかもしれない。最初の一歩に値するいくつかの行動をここに挙げておく。

**みずから学ぶ。**どこの市も町も何らかの形で自然の脅威にさらされている。自分の地域が直面するリスクを調べ、感情に走らないようにしながらもっとも危険なものを見つけよう。たとえば、地震の偶発性や不確実性に大きな不安を感じたとしても、自分の地域では洪水のほうが重大な脅威かもしれない。科学者がその脅威をどのように数値化しているかを見てみよう。ただし、科学者が数値化しているものは地球の作用であって、それがあなたに与える影響ではない。気象災害の危険についてはアメリカ海洋大気庁、地質学的な災害の危険についてはアメリカ地質調査所の資料を見るところから始めるとよいかもしれない。

地域が直面する実際の被害についてよく考えることもまた重要だ。大部分は防げる。連邦緊急事態管理庁にはさまざまな危険を軽減する方策（あなたの被害を防ぐ方法）について触れた資料がある。州、郡、市などの緊急事態に対応する機関にもおそらく、各地域における災害の危険と軽減の両方に関する情報があるだろう。提案されている行動には初期費用がかかるかもしれないが、長期的に見ればほぼ必ずその取り組みは節約になるはずだ。

**政府が守ってくれると思い込んではいけない。**自分の家、集合住宅の建物、職場の強度について、政府に任せきりにしてはいけない。その理由は3つある。まず、政府が建築基準法を可決するのは住民を経済的に保護するためではない。基本的に、ぞんざいな対応しかしないのはあくまで本人の勝手だが、本人も含めてだれも死なないようにしろと言ってるだけである。次に、あなたの家は、建物が建てられた当時の建築基準にしたがっているだけだ。美しいヴィクトリア朝様式の家に住んでいるなら、それは建築基準などいっさい存在しなかった時代に建てられたものである。最後に、基準を機能させるためには、徹底させなければならない。だが、建築課の人員が足りなければ、住民を守ることはできない。

建物を所有しているなら、その建物がさらされているリスクを見極め、それに耐えうる備えができているかどうかを判断するのは、所有者であるあなたの義務である。建物の基礎の専門家や、大きな建物なら構造工学者に話をしてみよう。強度を上げるためにどれくらいの費用がかかるのかを知ろう。賃貸物件なら、家主やほかの入居者に尋ねてみよう。たった500ドルほどの補強で、災害時に家が大きく損壊、最悪の場合全壊するのか、あるいはおもに小さな損害だけですむのかの分かれ道になるかもしれない。

**地元のリーダーと関わろう**。ロサンゼルスを見ればわかるように、地域社会で達成できる重要な活動のほとんどは地元政府から生まれる。けれども、選挙で選出される役人は、有権者が強く望むことしか実行できない。より厳しい建築基準、氾濫原の維持、安全なインフラへの投資を重要だと思うなら、地元の代表にそれを伝える必要がある。

そのさいには、自然の動きを止めようとするのではなくそれを受け止める、予防的な対策のほうがうまくいくことが多いと覚えておこう。川の流れや沈殿を止めようとしても、いつか必ず自然の力に負ける。地震が起こらないようにする方法など現在もこれからもけっして存在しない。けれども、本当に必要な強度(その時点の法律で求められている強度ではなく)のインフラを作ろうと市が決断すれば命を救える。「断じて許されない状況とは何か、またそれを防ぐために何が必要か」と考えるとうまくいくだろう。

**地域社会で協力する**。本当に危険にさらされているのは何かを思い出そう。あなた個人はかなりの確率で生きて危機を乗り越えられるだろう。ポンペイにおいてさえ、90パーセントの住民は逃げ延びた。危険にさらされているのは地域であり、社会そのものである。すでに弱っている部分に被害が生じることはわかっている。人々がたがいに顔見知りで気を配っている地域社会なら乗り切ることができる。銃を入手したり防備を固めたりすることが備えだと考えるような分断した地域社会は危険な状態にある。自己充足的予言になってしまうからだ。近隣の人を潜在的な敵とみなしていると、いつしか本当の敵になり、それが社会の崩壊につながるのである。

災害時の混乱が収まり、地域社会で対策が講じられるのは、大惨事となった事象から何か月も何年も経ってからである。そのとき、地域社会の未来が試される。人々がその後も発展を続けられるのは、自己を犠牲にして他者のために働く人々がいるからだ。ヨン・スティングリムソンはみずからも被災して家族を失ったにもかかわらず、地域社会を団結させ続けた。デ・カルヴァーリョは、悲しみと絶望に圧倒されてしまう前にリスボンの再建を始めようと国王と自分の部下を奮い立たせた。日本では、ただの主婦という殻を脱いだ佐原真紀が、放射能の恐怖に対処できるよう福島の母親たちの手助けをし、神谷未生はそれまでの生活を離れて、新たな故郷となった大槌町を住民が夢見る未来へと率いた。人々を復興へと導くリーダーは選挙で選ばれるとはかぎらない。

**発生した瞬間だけが災害ではないと覚えておく**。地域社会として、また個人として災害に効果的に対処するためには、3つの異なる時期に注目しなければならない。損害を最低限に抑えるためには、災害が発生する前に建物を適切に建築また補強しておく必要がある。災害時には効果的に対応して命を救わなければならない。そして災害後は復興をめざして地域社会が団結しなくてはならない。この3つの時期すべてが重要だと認識しておこう。備えの定義をたんに対応するためいの準備より拡大しよう。

そして、近隣の住民や友人とともにそれを行う。教会やモスクのような組織が災害の前に計画を立て、建物を強化し、メンバーを団結させれば、災害後により広い社会で復興の核になれる。

**自分のことは自分で考える**。東北地方太平洋沖地震の直後、防潮堤があるからと町役場庁舎に集まった大槌町の職員が津波に襲われることになったのは、既存の土木工学的解決策への過度の依存と過信が原因だった。自分たちで責任を負うのではなく、見ず知らずの科学者の手に命を預けてしまったのである。他者は情報を与えることはできる。あなたはできるかぎりそれを理解しようとするだろう。またそうすべきだ。けれども、最終的な行動はあなた自身が決定しなければならない。

*

自然災害はありふれた事象になりつつある。これまで見てきたように、海と大気の熱が極端な暴風雨のおもな原因であり、現在の温暖化の傾向は災害の数と発生場所の両方の分布を拡大すると予想されている。それよりさらに重要なのが、都市部が拡大して、都市生活がより複雑になっていることだ。都市生活者は以前にも増して、食料、水、下水、電気の複雑な供給連鎖に依存している。くわえて生活のすべての局面で携帯電話とインターネットにますます頼るようになってきている。被害を受けやすい人の数は急速に増えている。20世紀初頭には世界人口のわずか14パーセントが都市部で暮らしていたのに対し、現在は地球上の人類の半分以上にあたるおよそ40億人が都市生活を送っている。[5] そうした都市の多くは海岸沿い、竜巻の発生しやすい地域、断層の近く、あるいは火山の麓にある。

災害が発生するタイミングはまぎれもなく偶然であることを、わたしたちは受け入れる必要がある。巨大災害がいつ起こるのかを予想することは永久にできないかもしれない。

人類はすべてのものごとに意味を求める。あるレベルで見れば、それは、パターンを見つけて、未来の脅威を予測しろと促す自己防衛本能である。けれどももっと深いレベルでは、自分の行動が役に立ってほしいと願う気持ちの表れだ。意味の探求がなぜそのようなものごとが起こるのかという質問につながってしまうおそれがあることを、わたしたちは認識しておかなければならない。代わりにその衝動を「防災と復興のために近隣の人と協力するにはどうすればよいか」という問いに向ければよい。

未来はその大部分が未知数だ。パターンを見たり可能性を検討したりすることはできるが、時間は一方向にしか進まない。自分が生きているあいだに、地球に数多く存在する都市のうちのどこが巨大災害を経験することになるのかは知りえない。けれども、どこかで必ず発生することは自信を持って言える。

そして、現在のようなグローバルにつながった世界でそれが発生するときには、すべての人が関わることになる。電話やコンピュータに情報が流れてくるにしたがって、みなで被災者の苦悩を分かち合うことになる。不運に値する行動が何であるかを知りたくて、被災者に罪を着せたい衝動にかられることもあるだろう。自分が同じ運命に苦しまないように理由を探そうともするだろう。言い換えれば、わたしたちは偶然性がもたらす不安を体験することになる。けれども、自分と周囲の人々のそうした衝動を理解して、それを乗り越えることはできる。災害に対する、心の底にある本能的な反応を認めたうえで、人間の大きな共感の能力のなかから助けたいと思う気持ちを引き出すことはできる。ここまでに得た知識を活用して、災害で傷ついた人々に手を差し伸べ、この先にもたらされる被害を防げるはずだ。自然災害はすべての人をともに襲う。そしてわたしたちは手を取り合って立ち上がろう。

# 謝辞

本書はさまざまに異なるコミュニティにおける、わたしの生涯の体験の産物である。ここで名前を挙げるには数が多すぎるため、もっとも顕著な人だけを取り上げて、それ以外の人々が許してくれることを願うことにする。まず、エージェントのファーリー・チェイス。わたしを探し出して本を書いてみるよう説得し、科学のなかに物語を見出す手助けをしてくれた。それからダブルデイ社。科学者のものの見方から抜け出して物語を紡ぐ方法を見つけるうえで支えとなった、編集者ヤニフ・ソハの並々ならぬアドバイス、そして彼のアシスタント、サラ・ポーターの励ましに感謝したい。

本書の源はふたりの学者にある。わたしが地震学と出会って自分の生涯の仕事を見つけてからのことだが、ブラウン大学の中国語教授であるジミー・レンには、古代中国の古典に書かれている自然災害の考え方を教わった。英国国教会の司祭でオックスフォード大学神学部の欽定講座担当教授、またわたしの母の親友でもあるマリリン・マコード・アダムズには、ユダヤ教とキリスト教の伝統における自然災害の考え方の進化を理解するにあたって助けていただいた。

そのほか、多くの友人と同僚がわたしの自然災害の理解に貢献している。夫のイジルとアイスランド在住のその家族には同地の豊かな伝統を紹介され、アレクサンドラ・ウィッツェからはアイスランドの火山史に関する研究について説明を受けた。マイク・シュルターズにはカリフォルニアの洪水を取り巻く科学と社会の相互関係を理解するうえで助けられ、ボブ・ホームズからは水文学とミシシッピ川について多くを学んだ。ピーター・モルナーはわたしを中国と結びつけた人物であり、中国にいるたくさんの友人には、身の危険を感じなくなってからだが、彼らの経験について話を聞くことができた。ケリー・シーとジョン・ガレツカからは、インドネシアの地質構造だけでなく野外地質学者の考え方や仕事についても学んだ。防災の社会的側面の理解は、ロサンゼルス市長執務室における並はずれた経験とその過程で参加した多くの人々、とりわけアイリーン・デッカー、ピーター・マークス、マット・ピーターセンを通して磨かれたものである。

物語は、個人の体験を語ってくれた多くの友人や同僚、特にドニエル・デイヴィス、アンドレアス・デイヴィス、ダリル・オズビー、トム・ジョーダン、佐原真紀、石本めぐみ、ジャッキー・スティール、神谷未生、エリック・ガーセッティがいなければ完成しなかった。

仕事ではアメリカ地質調査所のマルチハザード実証プロジェクトをともに立ち上げた同僚、デイル・コックス、スー・ペリー、デイヴ・アップルゲートに大きく助けられた。また、ジョン・ブウェアリー、ケイト・ロング、イネス・ピアースは、政策立案者による災害科学の活用を支援するドクター・ルーシー・ジョーンズ・センター・フォー・サイエンス・アンド・ソサイエティの創設にともに立ち会った。

最大の感謝は、個人的にも仕事のうえでも37年間のパートナーであり、わたしの人生の要でもある夫のイジル・ハウクソンに。

# 参考文献

出典ならびに自然災害について
さらに学ぶための参考文献。


Barry, John. *Rising Tide: The Great Mississippi Flood of 1927 and How It Changed America*. New York: Simon and Schuster, 2007.

Birch, Eugenie, and Susan Wachter. *Rebuilding Urban Places After Disaster*. Philadelphia: University of Pennsylvania Press, 2006.

Brewer, William H. *Up and Down California in 1860–1864*. Edited by Francis Farquhar. New Haven, CT: Yale University Press, 1930. http://www.yosemite.ca.us/library/up_and_down_california/ オンラインで入手可能。

Byock, Jesse. *Viking Age Iceland*. London: Penguin Books, 2001.

Carnota, John Smith Athelstane, Conde da. *The Marquis of Pombal*. London: Longmans, Green, Reader and Dyer, 1871.

Honoré, Russel L. *Survival*. New York: Atria Books, 2009.

Hough, Susan. *Earth Shaking Science: What We Know (and Don't Know) About Earthquakes*. Princeton, NJ: Princeton University Press, 2002.

Jones, Lucile M., Richard Bernknopf, Dale Cox, James Goltz, Kenneth Hudnut, Dennis Mileti, Suzanne Perry, et al. *The ShakeOut Scenario*. U.S. Geological Survey Open-File Report 2008-1150 and California Geological Survey Preliminary Report 25, 2008. http//pubs.usgs.gov/of/2008/1150/.

Jordan, Thomas. "Lessons of L'Aquila for Operational Earthquake Forecasting." *Seismological Research Letters* 84, no. 1 (2013): 4–7.

Meyer, Robert, and Howard Kunreuther. *The Ostrich Paradox: Why We Underprepare for Disasters*. Philadelphia: Wharton Digital Press, 2017.（『ダチョウのパラドックス：災害リスクの心理学』、中谷内一也訳、丸善出版、2018 年）

Mileti, Dennis. *Resilience by Design: A Reassessment of Natural Hazards in the United States*. Washington, DC: Joseph Henry Press, 1999.

National Research Council. *Living on an Active Earth*. Washington, DC: The National Academies Press, 2003.

Palmer, James. *Heaven Cracks, Earth Shakes: The Tangshan Earthquake and the Death of Mao's China*. New York: Basic Books, 2012.

Perry, Suzanne, Dale Cox, Lucile Jones, Richard Bernknopf, James Goltz, Kenneth Hudnut, Dennis Mileti, et al. *The ShakeOut Earthquake Scenario: A Story That Southern Californians Are Writing*. U.S. Geological Survey Circular 1324 and California Geological Survey Special Report 207, 2008. http://pubs.usgs.gov/circ/1324/.

Pliny the Elder. *Complete Works*. Translated by John Bostock. Hastings, East Sussex, UK: Delphi Publishing, Ltd., 2015.（『博物誌』）

Pliny the Younger. "Letter LXV," *The Harvard Classics*, IX, Part 4. Edited by Charles W. Eliot. New York: Bartleby: 1909.（『プリニウス書簡集』）

Porter, Keith, Anne Wein, Charles Alpers, Allan Baez, Patrick L. Barnard, James Carter, Alessandra Corsi, et al. *Overview of the ARkStorm Scenario*. U.S. Geological Survey Open-File Report 2010-1312, 2011.

Scherman, Katherine. *Daughter of Fire: A Portrait of Iceland*. Boston: Little, Brown and Co., 1976.

Steingrimsson, Jon. *Fires of the Earth: The Laki Eruption, 1783–1784*. Translated by Keneva Kunz. Reykjavík: University of Iceland Press, 1998.

Wang, Kelin, Qi-Fu Chen, Shihong Sun, and Andong Wang. "Predicting the 1975 Haicheng Earthquake." *Bulletin of the Seismological Society of America* 96, no. 3 (June 2006): 757–95.

Witze, Alexandra, and Jeff Kanipe. *Island on Fire*. New York: Pegasus Books, 2014.

2009.
11 Jordan, "Lessons of L'Aquila."
12 Edwin Cartlidge, "Italy's Supreme Court Clears L'Aquila Earthquake Scientists for Good," *Science Magazine*, November 20, 2015, http://www.sciencemag.org/news/2015/11/italy-s-supreme-court-clears-l-aquila-earthquake-scientists-good.

## 第11章

1 Japanese Meteorological Agency, *Lessons Learned from the Tsunami Disaster Caused by the 2011 Great East Japan Earthquake and Improvements in JMA's Tsunami Warning System*, October 2013, http://www.data.jma.go.jp/svd/eqev/data/en/tsunami / LessonsLearned_Improvements_brochure.pdf.
2 World Nuclear Association, *Fukushima Accident*, http://www.world-nuclear.org/information-library/safety-and-security/safety-of-plants/fukushima-accident.aspx. 2017年4月更新。
3 *Scientific American*, "Fukushima Timeline," https:// www.scientificamerican.com/media/multimedia/0312-fukushima timeline/.
4 "Timeline: Japan Power Plant Crisis," BBC, March 13, 2011. http://www.bbc.com/news/science-environment-12722719.
5 *Scientific American*, "Fukushima Timeline."
6 Mizuho Aoki, "Down but Not Out: Japan's Anti-nuclear Movement Fights to Regain Momentum," *Japan Times*, March 11, 2016, http://www.japantimes.co.jp/news/2016/03/11/national /not-japans-anti-nuclear-movement-fights-regain-momentum /#.WVBl5RP1Akg.

## 第12章

1 Kenneth Reich, " '71 Valley Quake a Brush with Catastrophe," *Los Angeles Times*, February 4, 1996, http://articles .latimes.com/1996-02-04/news/mn-32287_1_san-fernando-quake.
2 "Preparedness Now, the Great California Shakeout," https://www.youtube.com/watch?v=8Z5ckzem7uA.
3 Suzanne Perry, Dale Cox, Lucile Jones, Richard Bernknopf, James Goltz, Kenneth Hudnut, Dennis Mileti, Daniel Ponti, Keith Porter, Michael Reichle, Hope Seligson, Kimberly Shoaf, Jerry Treiman, and Anne Wein, *The ShakeOut Earthquake Scenario—a Story That Southern Californians Are Writing*, U.S. Geological Survey Circular 1324 and California Geological Survey Special Report 207 (2008), http://pubs.usgs.gov/circ/1324/.
4 Editorial Board, "The Mayor and Preparing for the Big One," *Los Angeles Downtown News*, December 15, 2014, http:// www.ladowntownnews.com/opinion/the-mayor-and-preparing-for-the-big-one/article_24cf801a-824a-11e4-a595-1f0a5bc2e992.html.
5 *The World Population Prospects, the 2007 Revision*, United Nations Publications, www.un.org/esa/population /publications/wup2007/2007WUP_Highlights_web.pdf.

18 Russel L. Honoré, *Survival* (New York: Atria Books, 2009), 103.
19 Daryl Osby, Los Angeles County fire chief への 2017 年 5 月 8 日のインタヴュー。
20 Spencer Hsu, Joby Warrick, and Rob Stein, "Documents Highlight Bush-Blanco Standoff," *Washington Post*, December 4, 2005, http://www.washingtonpost.com/wp-dyn/content/article/2005/12/04/AR2005120400963.html.
21 "New Orleans Police Fire 51 for Desertion," *NBC News*, October 31, 2005, http://www.nbcnews.com /id/9855340/ns/us_news-katrina_the_long_road_back/t/new-orleans-police-fire-desertion/#.WTxrBBP1Akh.
22 United States Department of Justice Civil Rights Division, *Investigation of the New Orleans Police Department*, March 16, 2011. https://www.justice.gov/sites/default /files/crt/legacy/2011/03/17/nopd_report.pdf.
23 Campbell Robertson, "Nagin Guilty of 20 Counts of Bribery and Fraud," *New York Times*, February 13, 2014, https://www.nytimes.com/2014/02/13/us/nagin-corruption-verdict .html.
24 Jeff Zeleny, "$700 million in Katrina Relief Missing," *ABC News*, April 3, 2013, http://abcnews.go.com /Politics/700-million-katrina-relief-funds-missing-report-shows /story?id=18870482.
25 "Looters Take Advantage of New Orleans Mess," *NBC News*, August 30, 2005, http://www.nbcnews.com /id/9131493/ns/us_news-katrina_the_long_road_back/t/looters-take -advantage-new-orleans-mess/.
26 "Relief Workers Confront 'Urban Warfare,' " *CNN*, September 1, 2005, http://www.cnn.com/2005/WEATHER /09/01/katrina.impact/.
27 Honoré, *Survival*, 16.
28 "New Orleans Police Officers Cleared of Looting," *NBC News*, March 20, 2006, http://www.nbcnews.com/id/11920811/ns /us_news-katrina_the_long_road_back/t/new-orleans-police-officers -cleared-looting/#.WVlTPhP1Akg.
29 Trymaine Lee, "Rumor to Fact in Tales of Post-Katrina Violence," *New York Times*, August 26, 2010, http:// www.nytimes.com/2010/08/27/us/27racial.html.
30 John Burnett, "Evacuees Were Turned Away from Gretna, LA," *National Public Radio*, September 20, 2005, http://www .npr.org/templates/story/story.php?storyId=4855611.
31 Lee, "Rumor to Fact in Tales of Post-Katrina Violence."
32 John Simerman, "Nine Years Later, Katrina Shooting Case Delayed Indefinitely," *New Orleans Advocate*, August 14, 2014, http://www.theadvocate.com/new_orleans/news /article_736270ed-87ff-58fa-afa4-9b14702854ec.html.
33 "Danziger Bridge Officers Sentenced: 7 to 12 Years for Shooters, Cop in Cover-up Gets 3," *Times-Picayune* (New Orleans), April 21, 2016, http://www.nola.com/crime/index .ssf/2016/04/danziger_bridge_officers_sente.html.

### 第 10 章

1 Pliny the Elder, *Complete Works*, trans. John Bostock (Hastings, East Sussex, UK: Delphi Publishing, Ltd., 2015), chapter 81.(『博物誌』)
2 Pliny the Elder, *Complete Works*, chapter 82.(『博物誌』)
3 P. Gasperini, B. Lolli, and G. Vannucci, "Relative Frequencies of Seismic Main Shocks After Strong Shocks in Italy," *Geo- physics Journal International* 207 (October 1, 2016): 150–59.
4 International Commission on Earthquake Forecasting for Civil Protection, "Operational Earthquake Forecasting, State of Knowledge and Guidelines for Utilization," *Annals of Geophysics* 54, no. 4 (2011).
5 Richard A. Kerr, "After the Quake, in Search of the Science—or Even a Good Prediction," *Science* 324, no. 5925 (April 17, 2009): 322.
6 Thomas Jordan, "Lessons of L'Aquila, for Operational Earthquake Forecasting," *Seismological Research Letters* 84, no. 1 (2013).
7 Jordan, "Lessons of L'Aquila," 5.
8 Stephen Hall, "Scientists on Trial: At Fault?" *Nature* 477 (September 14, 2011): 264–69.
9 Hall, "Scientists on Trial: At Fault?"
10 John Hooper, "Pope Visits Italian Village Hit Hardest by Earthquake," *Guardian*, April 28,

www.theguardian.com/world/2005/jan/01 / tsunami2004.jamesmeek.

3 Betwa Sharma, "Remembering the 2004 Tsunami," *Huffington Post India*, December 26, 2014, http://www.huffingtonpost.in/2014/12/26/tsunami_n_6380984.html.

4 K. Sieh, "Sumatran Megathrust Earthquakes: From Science to Saving Lives," *Philosophical Transactions of the Royal Society of London* 364 (2006): 1947–63.

**第9章**

1 Hurricane Research Division, National Oceanic and Atmospheric Administration, "Frequently Asked Questions," http://www.aoml.noaa.gov/hrd/tcfaq/E11.html.

2 David Woolner, "FDR and the New Deal Response to an Environmental Catastrophe," *The Blog of the Roosevelt Institute*, June 3, 2010, http://rooseveltinstitute.org/fdr-and-new-deal-response-environmental-catastrophe/.

3 Madhu Beriwal, "Hurricanes Pam and Katrina: A Lesson in Disaster Planning," *Natural Hazards Observer*, November 2, 2005.

4 Robert Giegengack and Kenneth R. Foster, "Physical Constraints on Reconstructing New Orleans," in *Rebuilding Urban Places After Disaster*, ed. E. L. Birch and S. M. Wachter (Philadelphia: University of Pennsylvania Press, 2006), 13–32.

5 American Society of Civil Engineers Hurricane Katrina External Review Panel, *The New Orleans Hurricane Protection System: What Went Wrong and Why* (American Society of Civil Engineers, May 1, 2007).

6 Beriwal, "Hurricanes Pam and Katrina: A Lesson in Disaster Planning."

7 Madhu Beriwal, "Preparing for a Catastrophe: The Hurricane Pam Exercise," the Senate Homeland Security and Government Affairs Committee での2006年1月24日の発言。https://www.hsgac.senate.gov/download/012406beriwal.

8 "Chertoff: Katrina Scenario Did Not Exist," *CNN*, September 5, 2005, http://www.cnn.com/2005/US/09/03/katrina .chertoff/.

9 R. Knabb, J. Rhome, and D. Brown, *Tropical Cyclone Report: Hurricane Katrina 23–30 August 2005* (Miami: National Hurricane Center, 2006), www.nhc.noaa で入手可能。

10 Sun Herald Editorial Board, "Mississippi's Invisible Coast," *Sun Herald* (Mississippi), December 14, 2005, http:// www.sunherald.com/news/local/hurricane-katrina/article36463467 .html.

11 The White House, "The Federal Response to Hurricane Katrina: Lessons Learned," https://georgewbush-whitehouse.archives.gov/reports/katrina-lessons-learned/index.html.

12 U.S. Department of Health and Human Services, "Secretary's Operations Center Flash Report #6," August 30, 2005, The White House, "The Federal Response to Hurricane Katrina: Lessons Learned," https://georgewbush-whitehouse.archives .gov/reports/katrina-lessons-learned/index.html で引用されている。

13 Scott Gold, "Trapped in an Arena of Suffering," *Los Angeles Times*, September 1, 2005, http://articles.latimes.com/2005 /sep/01/nation/na-superdome1/.

14 Carl Bialik, "We Still Don't Know How Many People Died Because of Katrina," *FiveThirtyEight*, August 26, 2015, https://fivethirtyeight.com/features/we-still-dont-know-how-many-people-died-because-of-katrina/.

15 "Despite Huge Katrina Relief, Red Cross Criticized," *NBC News*, September 28, 2005, http://www.nbcnews.com/id/9518677/ns/us_news-katrina_the_long_road_back /t/despite-huge-katrina-relief-red-cross-criticized/#.WWLCzdNuIkg.

16 Select Bipartisan Committee to Investigate the Preparation for and Response to Hurricane Katrina, *A Failure of Initiative*, 109th Congress, Report 109-377, February 15, 2006, http://www.congress.gov/109/crpt/hrpt377/CRPT-109hrpt377.pdf.

17 United States Senate, Committee on Home-land Security and Governmental Affairs, *Hurricane Katrina: A Nation Still Unprepared*, 109th Congress, Session 2, Special Report 109-322, U.S. Government Printing Office, 2006, https://www.hsgac .senate.gov/download/s-rpt-109-322_hurricane-katrina-a-nation-still -unprepared.

catalog.hathitrust.org/Record/001514788.
4 Mark Twain (Samuel Clemens), *Life on the Mississippi* (Boston: James R. Osgood and Co., 1883).(『ミシシッピ河上の生活』)
5 J. D. Rodgers, "Development of the New Orleans Flood Protection System Prior to Hurricane Katrina," in *Journal of Geotechnical and Geoenvironmental Engineering* 134, no. 5 (May 2008).
6 U.S. Army Corps of Engineers, *Annual Report of the Chief of Engineers for 1926* (Washington, DC, 1926), 1793.
7 Kevin Kosar, *Disaster Response and Appointment of a Recovery Czar: The Executive Branch's Response to the Flood of 1927,* CRS Report for Congress, Congressional Research Service, October 25, 2005, https://fas.org/sgp/crs/misc /RL33126.pdf.
8 George H. Nash, *The Life of Herbert Hoover,* vol. 1, *The Engineer, 1874–1914* (New York: W. W. Norton and Company, 1996), 292–93.
9 Barry, *Rising Tide,* 270.
10 例として、Alfred Holman, "Coolidge Popular on Pacific Coast," *New York Times,* February 27, 1927 を参照されたい。
11 "Veto of the Texas Seed Bill," Daily Articles by the Mises Institute, August 20, 2009, https://mises.org/library/veto-texas-seed-bill.
12 Calvin Coolidge, "Speeches as President (1923–1929): Annual Address to the American Red Cross, 1926," the Calvin Coolidge Presidential Foundation, https://coolidgefounda tion.org/resources/speeches-as-president-1923-1929-17/ にアーカイブされている。
13 Winston Harrington, "Use Troops in Flood Area to Imprison Farm Hands," *Chicago Defender,* May 7, 1927.
14 Barry, *Rising Tide,* 382.
15 American National Red Cross, Colored Advisory Committee, *The Final Report of the Colored Advisory Commission Appointed to Cooperate with the American National Red Cross and President's Committee on Relief Work in the Mississippi Valley Flood Disaster of 1927* (American Red Cross, 1929).
16 "Flood Victim Exposes Acts of Red Cross," *Chicago Defender,* October 15, 1927.

## 第7章

1 Peter Molnar and Paul Tapponier, "Cenozoic Tectonics of Asia: Effects of a Continental Collision," *Science* 189, no. 420 (August 8, 1975): 419–26.
2 Jeffrey Wasserstrom, *China in the 21st Century: What Everyone Needs to Know* (New York: Oxford University Press, 2013).
3 Wang et al., "Predicting the 1975 Haicheng Earthquake."
4 Q. D. Deng, P. Jiang, L. M. Jones, and P. Molnar, "A Preliminary Analysis of Reported Changes in Ground Water and Anomalous Animal Behavior Before the 4 February 1975 Haicheng Earthquake," in *Earthquake Prediction: An International Review,* Maurice Ewing Series, vol. 4, ed. D. W. Simpson and P. G. Richards (Washington, DC: American Geophysical Union, 1981), 543–65.
5 Wang et al., "Predicting the 1975 Haicheng Earthquake," 770.
6 Wang et al., "Predicting the 1975 Haicheng Earthquake," 779.
7 James Palmer, *Heaven Cracks, Earth Shakes: The Tangshan Earthquake and the Death of Mao's China* (New York: Basic Books, 2012).
8 Tu Wei-Ming, "The Enlightenment Mentality and the Chinese Intellectual Dilemma," in *Perspectives on Modern China: Four Anniversaries,* ed. Kenneth Lieberthal, Joyce Kallgren, Roderick MacFarquhar, and Frederic Wakeman (London and New York: Routledge, 2016).
9 Palmer, *Heaven Cracks, Earth Shakes* にうまくまとめられている。
10 Ross Terrill, *The White-Boned Demon: A Biography of Madame Mao Zedong* (New York: William Morrow and Co., 1984).

## 第8章

1 Z. Duputel, L. Rivera, H. Kanamori, and G. W. Hayes, "Phase Source Inversion for Moderate to Large Earthquakes (1990–2010)," *Geophysical Journal International* 189, no. 2 (2012): 1125–47.
2 James Meek, "From One End to Another, Leupueng Has Vanished as If It Never Existed," *Guardian,* December 31, 2004, https://

and-jew.

9 Voltaire (Françoise-Marie Arouet), *Candide* (New York: Boni and Liveright, Inc., 1918), http:// www.gutenberg.org/files/19942/19942-h/19942-h.htm.（『カンディード』、斎藤悦則訳、光文社、2015 年）

10 John Wesley, *Serious Thoughts Occasioned by the Late Earthquake at Lisbon* (Dublin, 1756).

## 第3章

1 Katherine Scherman, *Daughter of Fire: A Portrait of Iceland* (Boston: Little, Brown and Co., 1976), 71.

2 Jon Steingrimsson, *Fires of the Earth: The Laki Eruption, 1783–1784,* trans. Keneva Kunz (Reykjavík: University of Iceland Press, 1998).

3 Alexandra Witze and Jeff Kanipe, *Island on Fire* (New York: Penguin Books, 2014), 87.

4 Witze and Kanipe, *Island on Fire*, 174.

5 Witze and Kanipe, *Island on Fire*, 120.

## 第4章

1 Sherburne F. Cook, *The Population of the California Indians, 1769–1970* (Berkeley: University of California Press, 1976).

2 A Brief History of the California Geological Survey, http://www.conservation.ca.gov/cgs/cgs_history.

3 William H. Brewer, *Up and Down California in 1860–1864,* ed. Francis Farquhar (New Haven, CT: Yale University Press, 1930), book 3, chapter 1.

4 W. L. Taylor and R. W. Taylor, *The Great California Flood of 1862* (The Fortnightly Club of Red- lands, California, 2007), http://www.redlandsfortnightly.org/papers /Taylor06.htm.

5 Brewer, *Up and Down California*, book 4, chapter 8.

6 "Decrease of Population in California," *New York Times*, October 17, 1863, http://www.nytimes.com/1863/10/17/news /decrease-of-population-in-california.html.

## 第5章

1 David Bressan, "Namazu the Earthshaker," *Scientific American*, March 10, 2012, https://blogs.scienti ficamerican.com/history-of-geology/namazu-the-earthshaker/.

2 Joseph Needham, *Science and Civilisation in China*, vol. 2, *History of Scientific Thought* (Cambridge: Cambridge University Press, 1956).（『思想史』、吉川忠夫ほか訳、思索社、1991 年）

3 Haiming Wen, *Chinese Philosophy* (Cambridge: Cambridge University Press, 2010), 71.

4 W. T. De Bary, *Sources of Japanese Tradition*, vol. 1 (New York: Columbia University Press, 2001), 68.

5 Gregory Smits, "Shaking Up Japan," in *Journal of Social History* (Summer 2006): 1045–78.

6 Cliff Frohlich and Laura Reiser Wetzel, "Comparison of Seismic Moment Release Rates Along Different Types of Plate Boundaries," *Geophysics Journal International* 171, no. 2 (2007): 909–20.

7 Joshua Hammer, *Yokohama Burning* (New York: Simon and Schuster 2006), 86.

8 Smits, "Shaking Up Japan."

9 Sonia Ryang, "The Great Kanto Earthquake and the Massacre of Koreans in 1923: Notes on Japan's Modern National Sovereignty," *Anthropological Quarterly* 76, no. 4 (Autumn 2003): 731–48.

## 第6章

1 De la Vega, *L'Inca Garcilaso, Historia de la Florida* (Paris: Chez Jean Musier Libraire, 1711), http://international.loc.gov/cgi-bin/query/r?intldl/ascfrbib:@OR (@field(NUMBER+@od2(rbfr+1002))).

2 John Barry, *Rising Tide: The Great Mississippi Flood of 1927 and How It Changed America* (New York: Simon and Schuster, 2007), 547.

3 A. A. Humphries and Henry L. Abbot, "Report upon the physics and hydraulics of the Mississippi River; upon the protection of the alluvial region against overflow: and upon the deepening of the mouths: based upon surveys and investigations made under the acts of Congress directing the topographical and hydrographical survey of the delta of the Mississippi River, with such investigations as might lead to determine the most practicable plan for securing it from inundation, and the best mode of deepening the channels at the mouths of the river" (Washington, DC: Government Printing Office, 1867), https://

# 原注


## 序章

1 Jones et al., *ShakeOut Scenario.*

2 The New Zealand Parliament, Parliamentary Library Research Paper, Economic Effects of the Canterbury Earthquakes (December 2011) で報告されたとおり。https://www.parliament.nz/en/pb/research-papers/document /00PlibCIP051/economic-effects-of-the-canterbury-earthquakes.

3 Lucy Jones, Richard Bernknopf, Susan Cannon, Dale A. Cox, Len Gaydos, Jon Keeley, Monica Kohler, et al., *Increasing Resiliency to Natural Hazards—A Strategic Plan for the Multi-Hazards Demonstration Project in Southern California*, U.S. Geological Survey Open-file Report 2007-1255, 2007, http:// pubs.er.usgs.gov/publication/ofr20071255.

## 第1章

1 John Day, "Agriculture in the Life of Pompeii," in *Yale Classical Studies*, vol. 3, ed. Austin Harmon (New Haven, CT: Yale University Press, 1932), 167–208.

2 Pliny the Elder, *Complete Works*, trans. John Bostock (Hastings, East Sussex, UK: Delphi Publishing, Ltd., 2015). (『博物誌』)

3 Pliny the Younger, *Letters*. (『プリニウス書簡集』)

4 Pliny the Younger, *Letters*. (『プリニウス書簡集』)

5 Pliny the Younger, *Letters*. (『プリニウス書簡集』)

6 U.S. Geological Survey, "Pyroclastic Flows Move Fast and Destroy Everything in Their Path," https://volcanoes.usgs.gov /vhp/pyroclastic_flows.html.

7 Augustine, *Confessions*, trans. H. Chadwick (Oxford: Oxford University Press, 1991). (『告白』)

8 St. Thomas Aquinas, *The Summa Theologica*, trans. Fathers of the English Dominican Province (New York: Benziger Bros., 1947). (『神学大全』)

## 第2章

1 H. Morse Stephens, *The Story of Portugal* (London: T. Fisher Unwin, 1891), 355.

2 John Smith Athelstane, Conde da Carnota, *The Marquis of Pombal* (London: Longmans, Green, Reader and Dyer, 1871), 28.

3 Fordham University, "Modern History Sourcebook: Rev. Charles Davy: The Earthquake at Lisbon, 1755," https://sourcebooks.fordham.edu/mod/1755lisbonquake.asp. From Eva March Tappan, ed., *The World's Story: A History of the World in Story, Song, and Art*, vol. 5, *Italy, France, Spain, and Portugal* (Boston: Hough- ton Mifflin, 1914), 618–28.

4 Judith Shklar, *Faces of Injustice* (New Haven, CT: Yale University Press, 1990), 51.

5 Susan Neiman, *Evil in Modern Thought* (Princeton, NJ: Princeton University Press, 2004), 39.

6 対立する意見の分析は Ryan Nichols, "Re-evaluating the Effects of the 1755 Lisbon Earthquake on Eighteenth-Century Minds: How Cognitive Science of Religion Improves Intellectual History with Hypothesis Testing Methods," *Journal of the American Academy of Religion* 82, no. 4 (December 2014): 970–1009 による。

7 Voltaire (François-Marie Arouet), "Poem on the Lisbon Disaster," in *Selected Works of Voltaire*, trans. Joseph McCabe (London: Watts, 1948), https://en.wikisource.org/wiki/Toleration_and_other_essays/Poem_on_the_Lisbon_Disaster. (『カンディード』、斎藤悦則訳、光文社、2015 年)

8 Kenneth Maxwell, "The Jesuit and the Jew," *ReVista: Harvard Review of Latin America*, "Natural Diasters: Coping with Calamity" (Winter 2007). https://revista.drclas.harvard.edu /book/jesuit-

【表紙図版提供】TPG Images ／ PPS 通信社

【著者】ルーシー・ジョーンズ（Dr. Lucy Jones）

地震学者。33年にわたり米地質調査所の研究員を務め、近年はリスク軽減のためのサイエンスアドバイザーとして活動。カリフォルニア工科大学助教。ブラウン大学で中国語・文学の学士号、マサチューセッツ工科大学で地球物理学の博士号を取得。カリフォルニア州南部在住。

【訳者】大槻敦子（おおつき・あつこ）

慶應義塾大学卒。訳書にスウィーテク『骨が語る人類史』、シムラー＋ハンソン『人が自分をだます理由』、ファーガソン『監視大国アメリカ』、ウォラック『人間VSテクノロジー』、マクラウド『ヴィジュアル版 世界伝説歴史地図』など。

# 歴史《れきし》を変《か》えた自然災害《しぜんさいがい》

## ポンペイから東日本大震災《ひがしにほんだいしんさい》まで

●

2021年3月5日　第1刷

著者…………ルーシー・ジョーンズ

訳者…………大槻敦子《おおつきあつこ》

装幀…………伊藤滋章

発行者…………成瀬雅人
発行所…………株式会社原書房

〒160-0022 東京都新宿区新宿 1-25-13
電話・代表 03（3354）0685
http://www.harashobo.co.jp
振替・00150-6-151594

印刷…………新灯印刷株式会社
製本…………東京美術紙工協業組合



ISBN978-4-562-05905-8, Printed in Japan